JN451558

National Competency Standards **NCS**
http://www.ncs.go.kr

헤 어 커 트 직 무 능 력 표 준 학 습 모 듈

NCS 기반 헤어커트 디자인 실습서

노정애 · 오지영

구민사 Technology Computer
www.kuhminsa.co.kr

머리말
PREFACE

헤어커트는 모발의 일부를 잘라 스타일을 연출하는 것으로, 헤어디자인에서 가장 기본이며 중요한 부분이다. 이것은 커트도구를 사용하여 작업하기 때문에 도구가 본인 손의 연장으로 느껴질 만큼 부단한 연습이 필요하다. 또한 각도, 섹션, 빗질 방향 등의 과학적 커트 개념을 작업에 제대로 적용하는 자세를 훈련함으로써 원하는 커트 디자인을 만들 수 있다. 궁극적으로 디자이너도 만족하고 고객도 감동하는 예술적인 커트 디자인을 위해서는 질감(texture) 처리를 통해 고객 개개인의 상황에 어울리는 디자인을 창출해야하며, 이러한 디자이너로서의 능력을 배양하기 위해서는 평소 예술과 아름다움에 대한 감성(感性) 훈련과 열린 마음이 필요하다.

최근 우리나라 교육계는 산업현장의 직무를 성공적으로 수행하기 위해 요구되는 지식·기술·태도 등의 내용을 국가 차원에서 체계적인 시스템으로 표준화한 NCS(국가직무능력표준)로 직무교육을 시행하고 있다. 이를 반영한 본 교재의 구성은 다음과 같다.

Part Ⅰ에서는 체계적 NCS 헤어미용 시스템을 소개하였다. 헤어미용 관련 직업 활동 분야와 전체적인 헤어미용 능력단위를 살펴봄으로써 넓은 시각의 비젼(vision)으로 헤어미용 로드맵(경력개발경로)을 제시하였다. 구체적으로 헤어커트와 관련된 능력단위를 선별하여 필요한 능력단위요소와 그것을 평가하는 수행준거(학습목표), 그 속에 포함된 지식·기술·태도를 종합적으로 정리해 보았다.

Part Ⅱ에서는 헤어커트 및 두상에 대한 이해, 커트도구의 종류 및 사용법, 커트의 종류, 절차, 기법 등에 대한 전반적인 이론을 다루었다.

Part Ⅲ에서는 헤어커트를 준비하는 작업으로 헤어 샴푸, 헤어커트 도구사용에 대해 정리하였다.
Part Ⅳ에서는 헤어커트를 실제 작업하는 단계로 원랭스, 그래쥬에이션, 레이어, 콤비네이션, 쇼트 헤어의 디자인을 작업해보고, 관련 작업 과정 및 결과를 워크북 형태로 완성할 수 있도록 하였다.
Part Ⅴ에서는 헤어커트를 마무리하는 작업으로 베이직 드라이와 헤어스타일링 전문제품 사용을 중심으로 정리하였다.

이론 부분의 빈 칸에는 스스로 요약정리 또는 자료 검색을 통해 작성하도록 하였고, 헤어커트 작업 후에는 실습 디자인 관련 자료를 검색해 정리함으로써 디자인 응용력과 감성 훈련이 가능하도록 하였다. 교재의 빈 부분을 워크북 형태로 스스로 채워가면서 자발적 참여에 의한 학습의 효과를 높이고, 하나 밖에 없는 본인만의 교재가 되도록 하였다.

헤어커트는 어렵다. 생소한 도구를 처음 사용해서 손을 베는 것부터 10만 개의 모발을 일정한 형태를 갖추게 하기까지 모든 것이 어렵다. 하지만, 정확한 자세와 기본 개념을 알고 과학적으로 접근하면 충분히 결과가 예상되고 조절 가능하다. 충분한 연습과 정확한 자세의 기본기를 갖춘다면 헤어커트는 어렵지 않다.

미용에 처음 입문하는 여러분이 미용에 대한 큰 그림과 비젼을 가지길 바란다. 작은 것에 무너지고 포기하지 말고 큰 그림을 향해 달려가며, '진정한 노력은 배신하지 않는다'는 말을 새기고 최선을 다하는 진정 아름다운 헤어디자이너가 되길 바란다.

2016. 9.
저자 일동

차례
CONTENTS

Part.1 NCS (국가직무표준능력) 헤어커트 파악하기 • 1

I NCS 개요 · 2

1. NCS 개념 / 2
2. NCS 구성 / 2

II NCS 헤어미용 개요 · 3

1. 헤어미용 직종 이해 / 3
   1) 직종 정의 · 3
   2) 직업 활동 영역 · 3
   3) 관련 자격증 · 3
2. 헤어미용 훈련이수체계 / 4
   1) 직업기초능력 과정 · 5
   2) 직무수행능력 과정(능력단위 및 능력단위요소) · 6
   3) 훈련내용(수행준거, 학습목표) 및 지식(Knowledge) · 기술(Skill) · 태도(Attitude) · 7
      ① 헤어샴푸 · 7
      ② 헤어커트 도구사용 · 8
      ③ 원랭스 헤어커트 · 9
      ④ 그래쥬에이션 헤어커트 · 10
      ⑤ 레이어 헤어커트 · 11
      ⑥ 콤비네이션 헤어커트 · 12
      ⑦ 쇼트 헤어커트 · 13
      ⑧ 베이직 드라이 · 14

Part.2 헤어커트 이론 • 15

Ⅰ 헤어커트의 이해 · 16

1. 헤어커트의 개념 / 16
    1) 헤어커트란? · 16
    2) 헤어커트의 역사 · 16
    3) 헤어디자이너로서의 다짐 · 17
2. 헤어디자인의 이해 / 18
    1) 헤어디자인의 기본적 요건 · 18
    2) 헤어디자인 요소 · 19
    3) 디자인 법칙 · 19

Ⅱ 두상의 이해 · 21

1. 두부의 명칭 / 21
    1) 두상 부위별 포인트 · 21
    2) 두부 부위별 명칭 · 22
2. 두부 기본 라인 · 22

Ⅲ 도구의 종류 및 사용법 · 23

1. 주요 도구 / 23
    1) 가위(scissors) · 23
    2) 틴닝가위(thinning scissors) · 26
    3) 레이저(razor) · 27
    4) 클리퍼(clipper) · 29
    5) 빗(comb) · 31
2. 기타 도구 / 33

Ⅳ 커트의 종류 · 34

1. 원랭스 / 34
    1) 수평형(ㅡ자 형) · 35
    2) 앞올림형(V-line형) · 35
    3) 앞내림형(A-line형) · 36
    4) 머쉬룸형(mushroom) · 37
2. 그래쥬에이션(graduation) · 38
3. 유니폼 레이어(uniform layer) · 39

4. 인크리스 레이어(increase layer) · 40
5. 콤비네이션(combination) · 41

V 커트의 절차 · 42
1. 블로킹(blocking) · 42
2. 두상의 위치(head position) · 46
3. 섹션(section) · 47
4. 베이스 · 분배(base, distribution) · 48
5. 시술 각도(projection) · 51
6. 디자인 라인(design line) · 52

Part.3 헤어커트 실제 • 53

I 헤어샴푸하기 · 54
1. 헤어샴푸(hair shampoo) / 54
1) 헤어샴푸의 목적 · 54
2) 샴푸의 종류와 특징 · 54
3) 기타 샴푸의 종류 · 54
2. 헤어린스(hair rinse) / 56
1) 린스의 목적 · 56
2) 린스의 조건 · 56
3) 린스의 성분 · 56
4) 린스의 종류 · 57
3. 샴푸의 실제 / 58
1) 샴푸 준비물 · 58
2) 와식 샴푸 · 58
3) 좌식샴푸 · 59

II 커트 도구 연습하기 · 61
1. 기초 자세 연습 / 61
1) 작업 자세 훈련 · 61
2) 블로킹 연습 · 61
3) 섹션 나누기 연습 · 62

2. 가위 동작 연습하기 / 63
1) 가위 잡는 방법 · 63
2) 가위 개폐 동작 연습하기 · 64
3) 가위를 이용한 질감처리 기법 · 65
4) 손질 및 보관 연습 · 69
3. 빗 동작 연습하기 / 70
1) 빗 잡는 방법 · 70
2) 빗 사용 방법 · 70
4. 틴닝가위 연습하기 / 71
1) 기본 동작 · 71
2) 프리핸드 동작 · 71
5. 레이저 연습하기 / 72
1) 레이저 아킹 · 72
2) 레이저 에칭 · 72
3) 측면 사선 기법 · 72
6. 클리퍼 연습하기 / 73
1) 기본 동작 · 73
2) 프리핸드 동작 · 73
3) 손질 및 보관 연습 · 73

III 헤어커트 작업하기 · 75
1. 원랭스 커트(one-length cut) / 77
1) 수평형(ㅡ자 형) · 79
2) 앞올림형(V-line형) · 83
3) 앞내림형(A-line형) · 87
4) 머쉬룸형(mushroom) · 91
2. 그래쥬에이션 커트(graduation cut) / 95
1) 포워드 그래쥬에이션(forward graduation) · 97
2) A라인 그래쥬에이션(A-line graduation) · 103
3. 레이어 커트(layer cut) / 107
1) 유니폼 레이어 커트(uniform layer cut) · 109
2) 인크리스 레이어 커트(increase layer cut) · 113
4. 콤비네이션 커트(combination cut) / 117
5. 쇼트 커트(short cut) / 123
6. 도해도 작성 및 분석 / 129

IV 헤어커트 마무리하기 · 132
1. 베이직 드라이하기 / 132
2. 헤어스타일 전문제품 사용하기 / 134

참고문헌 • 135

부록 • 137

■ 헤어커트 용어 정리 · 138
■ 수행평가 · 141
■ 헤어커트 실기 능력 평가표 · 145
■ 개별 수행향상 관리점검표 · 153

HAIR CUT disign

01

NCS(국가직무표준능력) 헤어커트 파악하기

Ⅰ. NCS(국가직무표준능력) 개요

Ⅱ. NCS 헤어미용 개요

Ⅰ. NCS(국가직무표준능력) 개요[1]

❶ NCS 개념

국가직무능력표준(NCS, National Competency Standards)은 산업현장에서 직무를 수행하기 위해 요구되는 지식·기술·태도(소양) 등의 내용을 국가가 산업부문별·수준별로 체계화한 것으로, 국가적 차원에서 표준화한 것을 의미한다.

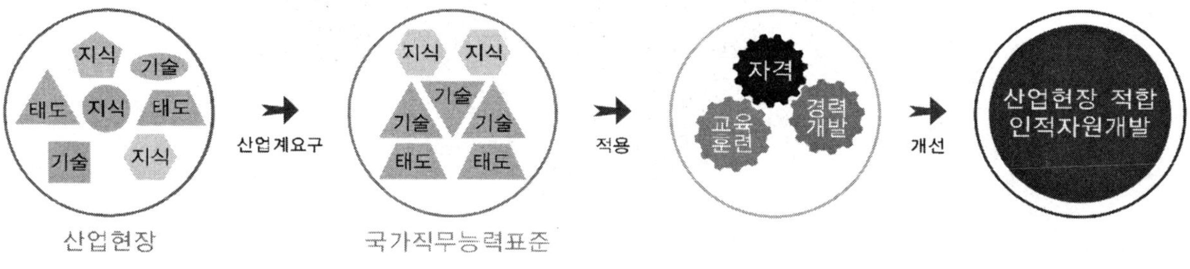

❷ NCS 구성

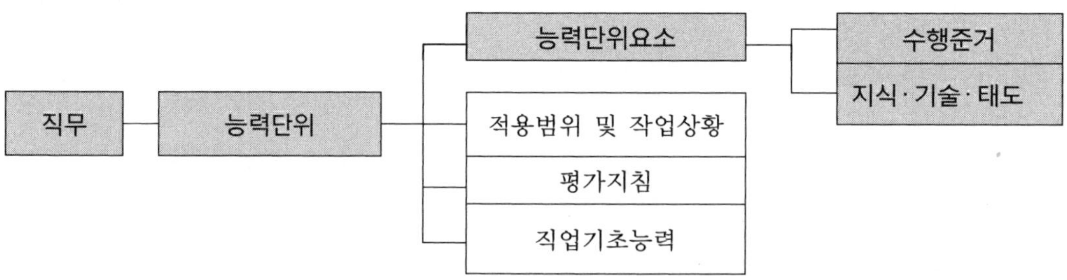

1) 국가직무능력표준 www.ncs.go.kr

Ⅱ. NCS 헤어미용 개요

❶ 헤어미용 직종 이해

1) 직종 정의

① 헤어미용은 미적요구 충족을 통해 정서적 만족감 및 자존감을 높이려는 고객에게 미용기기와 제품을 활용하여 샴푸, 헤어커트, 헤어펌, 헤어컬러, 두피·모발관리, 헤어스타일연출, 메이크업 등의 미용서비스를 제공하는 일이다.

② 직업명 : 미용사, 헤어디자이너, 헤어스타일리스트

2) 직업 활동 영역

① 기술 : 미용전문업체(미용실, 웨딩숍, 탈모관리센터, 가발전문점, 특수머리 전문점 등), 헤어디자이너, 뷰티어드바이져, 웨딩 플래너, 두피 · 모발관리사

② 교육 : 미용교육기관(고등학교, 2 · 4년제 대학, 학점은행제 교육기관, 평생교육원, 사회교육원, 복기관, 문화센터 등), 고등학교 정교사, 기간제 교사, 방과후 지도교사 등, 대학 전임, 겸임, 외래교수, 미용관련 분야 강사

③ 제조회사 : 미용제품 제조업체 : 제조 연구원, 제품 교육, 제품 홍보 및 마케터

④ 미용전문 언론매체 : 미용전문 칼럼니스트, 미용전문 기자, 미용전문 파워블로거

3) 관련 자격증

① 국가기술자격증 : 미용사(일반), 미용장

② 비공인 민간자격증 : 헤어웨어 패션디자이너, 업스타일전문가, 두피모발정보관리사, 미용심리상담사, 미용복지사, 미용기기관리사, 방과 후 미용(종합)지도사, 뷰티서비스비즈니스매니저, 뷰티디렉터 등[2)]

---

2) 한국직업능력개발원, 민간자격 정보서비스(http://www.pqi.or.kr)

❷ 헤어미용 훈련이수체계[3)]

■ 훈련과정 = 직업기초능력 과정 + 직무수행능력 과정

수준	직종					
8수준	경영자, 원장					
7수준	경영자, 원장					
6수준	수석 디자이너					
5수준	디자이너	불만족고객관리 헤어스타일 분석 헤어디자인 개발	콤비네이션 헤어커트 크리에이티브 헤어커트 크리에이티브 헤어컬러	크리에이티브 업스타일 전통 헤어스타일 연출 가발 헤어스타일 연출	디자인헤어타투 미용업 홍보관리 미용업 인사관리	미용업 교육관리
4수준	초급 디자이너			미용업 재무관리		
3수준	어시스턴트	두피·모발 관리 헤어미용 전문제품사용 고객관계관리	헤어스타일 상담 그래쥬에이션 헤어커트 레이어 헤어커트	쇼트 헤어커트 디자인 헤어펌 디지털세팅 헤어펌	볼륨 매직펌 디자인 헤어컬러 베이직 업스타일	웨이브 드라이 헤드스파케어 미용업 재고관리
2수준	인턴	고객응대 서비스 미용업 안전위생관리 헤어서비스 준비	헤어샴푸 특수목적 샴푸 베이직 헤어펌	헤어 롤 펌 매직프레스 헤어펌 베이직 드라이	헤어컬러 분석 베이직 헤어컬러 그레이 헤어컬러	헤어커트 도구사용 원랭스 헤어커트
1수준						
-		직업기초능력				
수준 / 직종		헤어미용				

3) 국가직무능력표준 www.ncs.go.kr 2016년 Ver.3 (2016.07.30.)으로 발표된 능력단위를 적용함

1) 직업기초능력 과정

직업기초능력	• 직업인으로서 갖추어야 할 기본적인 소양을 함양 • 능력단위별로 업무 수행을 위해 기본적으로 갖추어야 할 직업능력 • 훈련과정 편성 시 전체 훈련시간의 10% 이하로 자율편성
단 원 명	학 습 내 용
의사소통능력	문서이해능력, 문서작성능력, 경청능력, 의사표현능력, 기초외국어능력
수리능력	기초연산능력, 기초통계능력, 도표분석능력, 도표작성능력
문제해결능력	사고력, 문제처리능력
자기개발능력	자아인식능력, 자기관리능력, 경력개발 능력
자원관리능력	시간자원관리능력, 예산자원관리능력, 물적자원관리능력, 인적자원관리능력
대인관계능력	팀워크능력, 리더십능력, 갈등관리능력, 협상능력, 고객서비스능력
정보능력	컴퓨터활용능력, 정보처리능력
기술능력	기술이해능력, 기술선택능력, 기술적용능력
조직이해능력	국제감각, 조직체제이해능력, 경영이해능력, 업무이해능력
직업윤리	근로윤리, 공동체윤리

2) 직무수행능력 과정(능력단위 및 능력단위요소) - 헤어커트 관련 선별

		능력단위	능력단위번호	수준	능력단위요소	비 고
1		미용업 안전위생관리	1201010101_16v3	2	미용사 위생관리	
					미용업소 위생관리하기	
					미용업 안전사고 예방하기	
2		고객응대 서비스	1201010116_16v3	2	데스크 안내업무하기	
					대기고객 응대하기	
					고객 배웅하기	
3		헤어스타일 상담	1201010130_16v3	3	고객 미용서비스 정보수집하기	
					헤어스타일 제안하기	
					요금설정하기	
4		헤어서비스 준비	1201010117_16v3	2	헤어커트 준비하기	
					~~헤어펌 준비하기~~	
					~~헤어컬러 준비하기~~	
					헤어스타일링 준비하기	
5		헤어샴푸	1201010118_16v3	2	헤어샴푸 준비하기	
					헤어샴푸하기	
					헤어트리트먼트하기	
6		헤어커트 도구사용	1201010127_16v3	2	헤어커트 빗과 가위 사용하기	
					헤어커트 빗과 클리퍼 사용하기	
					헤어커트 빗과 레이저 사용하기	
7		원랭스 헤어커트	1201010128_16v3	2	원랭스 헤어커트하기	
					원랭스 헤어커트 마무리하기	
8		그래쥬에이션 헤어커트	1201010131_16v3	3	그래쥬에이션 헤어커트하기	
					그래쥬에이션 헤어커트 마무리하기	
9		레이어 헤어커트	1201010132_16v3	3	레이어 헤어커트하기	
					레이어 헤어커트 마무리하기	
10		콤비네이션 헤어커트	1201010144_16v3	5	콤비네이션 헤어커트하기	
					콤비네이션 헤어커트 마무리하기	
11		쇼트 헤어커트	1201010133_16v3	3	장가위 헤어커트하기	
					클리퍼 헤어커트하기	
					쇼트 헤어커트 마무리하기	
12		베이직 드라이	1201010123_16v3	2	스트레이트 드라이하기	
					C컬 드라이하기	
13		헤어미용 전문제품 사용	1201010113_16v3	3	제품 사용하기	
					제품 추천하기	
14		헤어스타일 분석	1201010142_16v3	5	헤어트렌드 정보 수집하기	
					헤어트렌드 정보 분석하기	

3) 훈련내용(수행준거, 학습목표) 및 지식(Knowledge) · 기술(Skill) · 태도(Attitude)

	1	지식(Knowledge)	기술(Skills)	태도(Attitude)
능력단위명	**헤어샴푸** **1201010118_16v3**	○ 좌식 및 와식 샴푸법 ○ 사전 브러시에 관한 요령 ○ 샴푸대 사용법 ○ 적정 수온과 수압에 관한 이해 ○ 샴푸의 성분과 작용원리 ○ 두피와 모발에 관한 지식 ○ 두피와 모발 유형에 적합한 샴푸제 선택요령 ○ 두피 매니플레이션 기법 ○ 두피 지압과 매니플레이션의 효과에 관한 지식 ○ 두피 · 모발 유형에 관한 지식 ○ 서비스 목적에 적합한 트리트먼트법 ○ 타월드라이에 관한 요령	○ 좌식 및 와식 샴푸 능력 ○ 사전브러싱 테크닉 ○ 샴푸대 사용능력 ○ 수온과 수압 조절 능력 ○ 두피와 모발에 따른 샴푸제 선택 능력 ○ 서비스 유형과 사용 목적에 따른 샴푸제 선택 능력 ○ 고객 응대 능력 ○ 두피 매니플레이션 테크닉 ○ 두상의 지압과 매니플레이션 테크닉 ○ 트리트먼트 테크닉 ○ 타월드라이와 타월밴드 테크닉	○ 고객의 두피 · 모발 상태를 정확하게 판단하려는 자세 ○ 고객에게 어깨보 · 무릎덮개 착용 시 조심스런 자세 ○ 두피 유형을 고려하며 사전 브러시하는 전문가의 자세 ○ 고객의 얼굴 · 옷 등에 물이 튀지 않도록 주의하는 태도 ○ 미용서비스 과정 중 고객의 불편한 사항을 수시로 점검하는 자세 ○ 고객의 얼굴이나 옷에 물이 튀지 않도록 주의하는 태도 ○ 미용서비스 과정 중 고객의 불편한 사항을 수시로 점검하는 자세
능력단위요소	**헤어샴푸하기**	1.1 고객의 편의를 위해 가운 및 무릎덮개, 어깨타월을 착용해주고 샴푸 목적에 따라 좌식 또는 와식 샴푸를 선택할 수 있다. 1.2 엉킨 모발의 정돈과 이물질 제거를 위해 사전 브러시를 할 수 있다. 1.3 고객이 불편하지 않도록 샴푸대의 높이와 수온을 조절할 수 있다. 1.4 모발 길이나 모량에 따라 적당량의 샴푸제를 사용하여 거품을 낼 수 있다. 1.5 충분하게 거품을 낸 상태에서 혈액순환 개선과 신진대사 촉진을 위해 두피 매니플레이션을 할 수 있다. 1.6 샴푸 성분이 남지 않도록 페이스라인, 귀, 모발, 두피 등을 충분하게 헹굴 수 있다.		[평가] • 수행준거에 따른 지식 · 기술 · 태도의 습득 능력 • 두피 · 모발 유형 및 사용 목적에 따른 샴푸제 선정과 샴푸테크닉의 적절성 • 샴푸 종료 후 샴푸제 잔류여부 확인과 타월밴드의 고정여부 • 샴푸의 전과정에서 고객을 배려하는 태도 • 샴푸대 및 샴푸실 주변 정리 · 정돈 상태
	헤어트리트먼트하기	2.1 샴푸 후 두피 · 모발 상태를 파악하여 헤어트리트먼트를 할 수 있다. 2.2 헤어트리트먼트 도포 후 두피 지압과 매니플레이션을 할 수 있다. 2.3 헤어트리트먼트 성분이 남지 않도록 페이스라인, 귀, 모발, 두피 등을 충분하게 헹굴 수 있다. 2.4 모발의 물기제거를 위해 타월드라이를 한 후 두상을 타월밴드 할 수 있다. 2.5 고객의 불편사항을 수시로 점검하여 대처할 수 있다. 2.6 샴푸를 마친 후 다음 사용자를 위해 샴푸대 주변을 깨끗하게 정리할 수 있다.		
수행하기	**키워드 분석하기**			
	Action Plan			

<table>
<tr><th></th><th>2</th><th>지식(Knowledge)</th><th>기술(Skills)</th><th>태도(Attitude)</th></tr>
<tr><td>능력단위명</td><td>헤어커트 도구 사용
1201010127_16v3</td><td>○ 헤어커트 빗의 종류와 사용법
○ 헤어커트 가위의 종류와 사용법
○ 헤어커트 가위 사용의 주의사항
○ 올바른 커트자세와 가위사용
○ 헤어커트스타일별 블로킹, 섹션(슬라이스)의 개념
○ 헤어커트 디자인에 따른 빗질의 방향과 각도 개념
○ 헤어커트 디자인에 따른 커트 가위 사용
○ 클리퍼커트의 특징과 클리퍼 사용에 대한 지식
○ 클리퍼 커트의 주의사항
○ 클리퍼 헤어커트 디자인과 활용에 대한 지식
○ 두상의 곡선과 위치에 따른 빗과 클리퍼사용법
○ 클리퍼 커트디자인에 따른 빗의 각도와 빗질 방향
○ 레이저커트의 특징과 사용에 대한 지식
○ 헤어커트 디자인과 레이저 각도의 개념
○ 헤어커트 디자인에 따른 레이저 활용법
○ 레이저 커트의 주의사항에 대한 지식</td><td>○ 헤어커트 가위와 빗의 사용 기술
○ 헤어커트 디자인에 따른 가위 사용법
○ 헤어커트 디자인에 따른 올바른 커트자세 능력
○ 헤어커트 빗과 클리퍼의 사용 기술
○ 헤어커트 디자인에 따른 클리퍼사용법
○ 헤어커트 디자인에 따른 클리퍼 활용능력</td><td>○ 정확한 방법으로 빗질하는 자세
○ 정확한 커트방법을 숙련하려는 의지
○ 올바른 커트자세를 연출하려는 노력
○ 헤어커트 시 두피를 자극하지 않도록 주의하는 자세</td></tr>
<tr><td rowspan="3">능력단위요소</td><td>헤어커트 빗과 가위 사용하기</td><td colspan="2">1.1 헤어커트 목적에 따라 헤어커트 빗과 가위를 구분하여 선택할 수 있다.
1.2 헤어커트 빗을 사용하여 블로킹, 섹션(슬라이스), 빗질을 할 수 있다.
1.3 헤어커트 빗과 헤어커트 가위를 사용한 올바른 커트동작을 할 수 있다.
1.4 헤어커트 가위를 수평, 수직, 사선의 형태로 커트 동작을 할 수 있다.</td><td rowspan="3">[평가]
• 지식 · 기술 · 태도의 습득 능력
• 헤어커트 목적에 따른 커트 도구의 선택능력
• 헤어커트 도구의 종류와 유형별 사용방법
• 헤어커트 자세와 동작의 정확성과 숙련도
• 블로킹, 섹션, 슬라이스, 각도 등의 헤어커트 개념에 대한 이해
• 주변 정리 · 정돈 상태</td></tr>
<tr><td>헤어커트 빗과 클리퍼 사용하기</td><td colspan="2">2.1 클리퍼 커트를 위해 모발의 수분 함량을 조절할 수 있다.
2.2 헤어커트 빗과 클리퍼 사용의 올바른 커트동작을 할 수 있다.
2.3 헤어커트 디자인에 따라 빗의 각도를 조절한 클리퍼 커트동작을 할 수 있다.
2.4 두상의 곡선과 위치에 따라 빗과 클리퍼를 올바른 방법으로 잡을 수 있다.</td></tr>
<tr><td>헤어커트 빗과 레이저 사용하기</td><td colspan="2">3.1 레이저(razor) 커트를 위해 모발의 수분 함량을 조절할 수 있다.
3.2 헤어커트 빗과 레이저 사용의 올바른 커트동작을 할 수 있다.
3.3 헤어커트 디자인에 따라 레이저의 커트 위치와 방향을 변경할 수 있다.
3.4 헤어커트 디자인에 따라 모발의 패널과 레이저의 각도를 조절할 수 있다.</td></tr>
<tr><td rowspan="2">수행하기</td><td>키워드 분석하기</td><td colspan="2"></td><td></td></tr>
<tr><td>Action Plan</td><td colspan="2"></td><td></td></tr>
</table>

<table>
<tr><th></th><th>3</th><th>지식(Knowledge)</th><th>기술(Skills)</th><th>태도(Attitude)</th></tr>
<tr><td>능력단위명</td><td>원랭스 헤어커트
1201010128_16v3</td><td>○ 원랭스 헤어커트 종류와 특징에 관한 지식
○ 원랭스 헤어커트의 빗질과 각도에 대한 개념
○ 블런트 헤어커트 방법과 자세에 관한 지식
○ 블로킹, 섹션, 슬라이스, 각도 등 헤어커트 지식
○ 원랭스 커트의 도해도를 이해하고 분석할 수 있는 지식
○ 원랭스 스타일의 보정 커트에 대한 지식
○ 헤어커트 도구별 관리와 보관에 관한 지식
○ 모발 건조와 블로우 드라이에 대한 개념</td><td>○ 블런트 커트의 헤어커트 빗과 가위 사용 능력
○ 원랭스 스타일에 따른 올바른 커트자세 능력
○ 원랭스 스타일에 따른 블로킹과 섹션의 활용기술
○ 원랭스 커트 도해도를 작성할 수 있는 능력
○ 원랭스 커트를 수정 · 보완하는 기술
○ 고객과의 커뮤니케이션하는 능력
○ 모발을 건조하고 스타일을 마무리하는 기술
○ 주변을 정돈하고 헤어커트 도구를 관리하는 능력</td><td>○ 정확한 방법으로 빗질하는 자세
○ 블로킹과 섹션을 정확하게 사용하려는 노력
○ 정확한 블런트 커트방법을 숙련하려는 의지
○ 원랭스 커트의 올바른 커트자세를 연출하려는 노력
○ 헤어커트 시 두피를 자극하지 않도록 주의하는 자세
○ 원랭스 커트의 숙련도를 높이기 위해 노력하는 자세
○ 정확한 결과를 확인하는 태도
○ 고객만족을 위해 노력하는 자세
○ 고객의 불편을 확인하고 대처하는 태도
○ 주변을 정돈하고 도구를 청결하게 정리하는 자세</td></tr>
<tr><td rowspan="2">능력단위요소</td><td>원랭스 헤어커트하기</td><td colspan="2">1.1 고객에게 어깨보, 커트보 등을 착용해 줄 수 있다.
1.2 헤어커트 유형에 따라 모발의 수분 함량을 조절하거나 오염이 심한 모발은 사전 샴푸를 할 수 있다.
1.3 헤어커트 도구 및 공간을 정리하여 작업을 준비할 수 있다.
1.4 원랭스 스타일(수평, 사선)에 따라 블로킹과 섹션을 정확하게 사용할 수 있다.
1.5 헤어커트용 블런트 가위와 헤어커트 빗을 사용한 올바른 커트동작으로 원랭스 블런트 커트를 완성할 수 있다.
1.6 커트 후 양쪽의 balance 및 완성도를 체크할 수 있다.</td><td rowspan="2">[평가]
• 수행준거에 따른 지식 · 기술 · 태도의 습득 능력
• 원랭스 커트의 특징과 커트기법
• 원랭스 커트에 필요한 도구의 선택능력
• 블로킹, 섹션, 각도 등 헤어커트 개념에 대한 이해
• 올바른 헤어커트 자세
• 헤어커트 도구와 주변의 정리 · 정돈 상태</td></tr>
<tr><td>원랭스 헤어커트
마무리하기</td><td colspan="2">2.1 고객의 얼굴과 목 등에 남아있는 머리카락을 제거할 수 있다.
2.2 헤어커트 후 고객 만족을 파악하여 필요한 경우 수정 및 보정커트를 할 수 있다.
2.3 헤어커트 후 원랭스 스타일에 따라 모발을 건조하여 마무리할 수 있다.
2.4 사용한 헤어커트 도구는 청결하게 관리하고 주변을 정리 정돈할 수 있다.</td></tr>
<tr><td rowspan="2">수행하기</td><td>키워드 분석하기</td><td colspan="2"></td><td></td></tr>
<tr><td>Action Plan</td><td colspan="2"></td><td></td></tr>
</table>

	4	지식(Knowledge)	기술(Skills)	태도(Attitude)
능력단위명	그래쥬에이션 헤어커트 1201010131_16v3	◦그래쥬에이션 커트의 개념 ◦클리퍼, 틴닝, 블런트 가위 사용법 ◦그래쥬에이션 스타일 커트방법 ◦모량 조절과 질감 처리에 관한 지식 ◦그래쥬에이션 도해도를 분석할 수 있는 지식 ◦그래쥬에이션 스타일의 보정커트에 대한 지식 ◦헤어커트 도구별 관리와 보관에 관한 지식 ◦모발 건조와 블로우 드라이에 대한 개념 ◦헤어스타일 연출 제품의 사용법	◦그래쥬에이션 도해도를 작성할 수 있는 능력 ◦빗, 커트 가위, 틴닝 가위를 사용할 수 있는 능력 ◦틴닝 가위를 사용하여 모량을 조절하는 기술 ◦클리퍼 사용기술 ◦그래쥬에이션 커트를 수정·보완하는 기술 ◦고객과 커뮤니케이션하는 능력 ◦모발을 건조하고 스타일을 마무리하는 기술 ◦주변을 정돈하고 헤어커트 도구를 관리하는 능력	◦그래쥬에이션 커트를 정확하게 서비스하는 자세 ◦그래쥬에이션 커트의 숙련도를 높이려는 노력 ◦헤어커트 시 두피를 자극하지 않도록 주의하는 자세 ◦정확한 결과를 확인하는 태도 ◦고객만족을 위해 노력하는 자세 ◦고객의 불편을 확인하고 대처하는 태도 ◦주변을 정돈하고 도구를 청결하게 정리하는 자세
능력단위요소	그래쥬에이션 커트하기	1.1 그래쥬에이션 스타일에 따른 블로킹과 섹션을 할 수 있다. 1.2 그래쥬에이션 스타일에 따른 빗질의 방향과 각도를 조절할 수 있다. 1.3 빗과 커트 도구를 정확하게 사용하여 그래쥬에이션 커트를 할 수 있다. 1.4 모량 조절이 필요한 부분에 틴닝 가위를 사용할 수 있다. 1.5 가위 또는 클리퍼를 사용하여 아웃라인을 정리할 수 있다.		[평가] • 수행준거에 따른 지식·기술·태도의 습득 능력 • 그래쥬에이션 헤어커트의 특징과 커트기법 • 그래쥬에이션 커트의 빗질, 각도, 섹션 등에 대한 이해 • 올바른 헤어커트 자세 • 주변 정리·정돈 상태
능력단위요소	그래쥬에이션 마무리하기	2.1 고객의 얼굴과 목 등의 머리카락을 제거할 수 있다. 2.2 헤어커트 후 고객 만족을 파악하여 필요한 경우 수정 및 보정 커트를 할 수 있다. 2.3 그래쥬에이션 커트에 어울리는 스타일로 마무리 할 수 있다. 2.4 사용한 헤어커트 도구는 청결하게 관리하고 주변을 정리·정돈할 수 있다.		
수행하기	키워드 분석하기			
수행하기	Action Plan			

<table>
<tr><th></th><th>5</th><th>지식(Knowledge)</th><th>기술(Skills)</th><th>태도(Attitude)</th></tr>
<tr><td>능력단위명</td><td>레이어 헤어커트
1201010132_16v3</td><td>○ 레이어 헤어커트의 개념
○ 다양한 레이어 스타일에 대한 지식
○ 클리퍼, 틴닝, 블런트 가위 사용법
○ 레이어 스타일 커트방법
○ 모량 조절과 질감 처리에 관한 지식
○ 레이어 커트의 도해도를 분석할 수 있는 지식
○ 레이어 커트의 블로킹, 섹션, 각도 등에 관한 지식
○ 레이어 스타일의 보정커트에 대한 지식
○ 헤어커트 도구별 관리와 보관에 관한 지식
○ 모발 건조와 블로우 드라이에 대한 개념
○ 헤어스타일 연출법과 제품 사용법</td><td>○ 레이어 커트 도해도를 작성할 수 있는 능력
○ 빗, 커트 가위, 틴닝 가위를 사용할 수 있는 능력
○ 틴닝 가위를 사용하여 모량을 조절하는 기술
○ 다양한 형태의 레이어 스타일 커트기술
○ 클리퍼 사용기술
○ 싱글링 기술
○ 레이어 헤어커트를 수정 · 보완하는 기술
○ 고객과의 커뮤니케이션하는 능력
○ 모발을 건조하고 스타일을 마무리하는 기술
○ 레이어 헤어스타일 연출 기술
○ 주변을 정돈하고 헤어커트 도구를 관리하는 능력</td><td>○ 레이어 헤어커트를 정확하게 서비스하는 자세
○ 레이어 헤어커트의 숙련도를 높이려는 노력
○ 헤어커트 시 두피를 자극하지 않도록 주의하는 자세
○ 정확한 결과를 확인하는 태도
○ 고객만족을 위해 노력하는 자세
○ 고객의 불편을 확인하고 대처하는 태도
○ 주변을 정돈하고 도구를 청결하게 정리하는 자세</td></tr>
<tr><td rowspan="2">능력단위요소</td><td>레이어 헤어커트하기</td><td colspan="2">1.1 레이어 헤어커트 스타일에 따른 블로킹과 섹션을 할 수 있다.
1.2 레이어 헤어커트 스타일에 따른 빗질의 방향과 각도를 조절할 수 있다.
1.3 헤어커트 빗과 가위를 정확하게 사용하여 레이어 커트를 할 수 있다.
1.4 쇼트 레이어 커트에 싱글링 테크닉을 활용할 수 있다.
1.5 모량 조절이 필요한 부분에 틴닝 가위를 사용할 수 있다.</td><td rowspan="2">[평가]
● 수행준거에 따른 지식 · 기술 · 태도의 습득 능력
● 레이어 유형의 특징과 기법(블로킹, 슬라이스, 각도 등에 대한 이해)
● 올바른 헤어커트 자세
● 주변 정리 · 정돈 상태</td></tr>
<tr><td>레이어 헤어커트 마무리하기</td><td colspan="2">2.1 고객의 얼굴과 목 등의 머리카락을 제거할 수 있다.
2.2 서비스 후 고객 만족도를 파악하여 필요한 경우 수정 · 보완 커트를 할 수 있다.
2.3 서비스가 종료 된 후 사용한 헤어커트 도구와 주변을 즉시 정리 · 정돈할 수 있다.
2.4 레이어 헤어커트에 어울리게 헤어스타일을 마무리 할 수 있다.</td></tr>
<tr><td rowspan="2">수행하기</td><td>키워드 분석하기</td><td colspan="2"></td><td></td></tr>
<tr><td>Action Plan</td><td colspan="2"></td><td></td></tr>
</table>

	6	지식(Knowledge)	기술(Skills)	태도(Attitude)
능력단위명	**콤비네이션 헤어커트 1201010144_16v3**	ㅇ두상의 형태 및 모류와 모발 특성에 관한 지식 ㅇ도해도를 작성하고 분석할 수 있는 지식 ㅇ헤어커트 도구별 특징과 사용 방법 ㅇ콤비네이션커트 디자인에 관한 지식 ㅇ콤비네이션 스타일의 보정과 드라이커트에 대한 지식 ㅇ헤어커트 도구별 관리와 보관에 관한 지식 ㅇ헤어커트 디자인과 스타일링에 대한 개념 ㅇ헤어스타일 연출법과 제품 사용법	ㅇ헤어커트 기법의 응용과 헤어디자인 능력 ㅇ도해도를 작성하고 분석하는 능력 ㅇ콤비네이션커트 디자인을 연출하는 커트 기술 ㅇ다양한 커트기법의 활용 기술 ㅇ헤어커트를 수정 · 보완하는 능력 ㅇ보정커트와 드라이커트 기술 ㅇ고객과의 커뮤니케이션 하는 능력 ㅇ헤어스타일 연출 기술	ㅇ헤어스타일의 완성도를 높이려는 자세 ㅇ헤어커트의 숙련도를 높이려는 노력 ㅇ신속하고 정확하게 서비스하는 태도 ㅇ고객의 요구를 충족시키려는 전문가적인 자세 ㅇ정확한 결과를 확인하는 태도 ㅇ고객만족을 위해 노력하는 자세 ㅇ고객의 불편을 확인하고 대처하는 태도 ㅇ주변을 정돈하고 도구를 청결하게 정리하는 자세
능력단위요소	**콤비네이션 헤어커트하기**	1.1 고객과의 상담을 통해 고객의 외형적 특성과 모발특성을 판단할 수 있다. 1.2 원랭스, 그래쥬에이션, 레이어의 커트기법을 혼합하여 헤어스타일을 디자인할 수 있다. 1.3 디자인된 콤비네이션 스타일을 고객에게 설명할 수 있다. 1.4 콤비네이션 스타일로 커트할 수 있다.		[평가] • 수행준거에 따른 지식 · 기술 · 태도의 습득 능력 • 콤비네이션 헤어커트 디자인의 도해도 작성 능력 • 콤비네이션 헤어커트 디자인과 서비스기법 • 다양한 커트기법의 활용 기술 • 고객에게 어울리는 헤어스타일 선정과 트렌드 반영정도 및 고객만족도 • 주변 정리 · 정돈 상태
	콤비네이션 헤어커트 마무리하기	2.1 헤어커트 후 잔여 머리카락 제거를 위한 플레인 린스를 할 수 있다. 2.2 고객 만족을 파악하여 필요한 경우 보정 및 드라이커트를 할 수 있다. 2.3 커트 종료 후 사용한 헤어커트 도구를 정리하고 주변을 즉시 정돈할 수 있다. 2.4 헤어커트 디자인에 따른 헤어 스타일링을 할 수 있다.		
수행하기	**키워드 분석하기**			
	Action Plan			

<table>
<tr><th></th><th>7</th><th>지식(Knowledge)</th><th>기술(Skills)</th><th>태도(Attitude)</th></tr>
<tr><td>능력단위명</td><td>쇼트 헤어커트
1201010133_16v3</td><td>○ 싱글링의 개념과 커트기법
○ 쇼트 헤어스타일 트렌드에 대한 정보
○ 장가위, 틴닝가위의 사용방법에 대한 지식
○ 도해도를 이해하고 분석하는 지식
○ 커트에 필요한 블로킹, 섹션, 각도에 관한 지식
○ 클리퍼 사용법
○ 클리퍼 커트에 필요한 도구 활용법
○ 및 질감 처리 요령
○ 보정커트와 드라이 커트법
○ 쇼트 스타일 다양한 연출법
○ 헤어커트 도구별 관리와 보관법
○ 헤어스타일 연출법과 제품 사용법</td><td>○ 싱글링에 필요한 가위와 도구의 활용 능력
○ 도해도를 분석하고 작성하는 능력
○ 싱글링 커트 기술
○ 트리밍 커트 기술
○ 클리퍼 사용 능력
○ 테크닉
○ 모발 질감 처리 테크닉
○ 다양한 커트기법의 활용 능력
○ 다양한 커트도구를 활용한 스타일 수정·보완 기술
○ 쇼트 헤어스타일 연출 능력
○ 고객과 커뮤니케이션 능력
○ 주변을 정돈하고 헤어커트 도구 관리 능력</td><td>○ 신속하고 정확하게 서비스하는 태도
○ 헤어커트 도구사용의 숙련도를 높이려는 의지
○ 싱글링과 트리밍의 숙련도를 높이기 위한 노력
○ 클리퍼 커트를 정확하게 서비스하기 위한 노력</td></tr>
<tr><td rowspan="3">능력단위요소</td><td>장가위 헤어커트하기</td><td colspan="2">1.1 싱글링 커트 스타일에 따른 블로킹과 섹션을 할 수 있다.
1.2 싱글링 커트 스타일에 따른 빗질의 방향과 각도를 조절할 수 있다.
1.3 빗과 장가위를 사용하여 싱글링 커트를 할 수 있다.
1.4 싱글링 테크닉과 트리밍 테크닉을 활용하여 커트할 수 있다.
1.5 고객의 모량과 헤어디자인에 따라 다양한 방법으로 모량 조절을 할 수 있다.</td><td rowspan="3">[평가]
• 수행준거에 따른 지식·기술·태도의 습득 능력
• 쇼트헤어커트 연출을 위한 커트기법
• 블로킹, 섹션, 슬라이스, 각도 등의 개념
• 올바른 쇼트 헤어커트 자세
• 주변 정리·정돈 상태</td></tr>
<tr><td>클리퍼 헤어커트하기</td><td colspan="2">2.1 클리퍼 스타일에 따른 블로킹과 섹션을 할 수 있다.
2.2 클리퍼 스타일에 따른 빗의 방향과 각도를 조절할 수 있다.
2.3 커트 빗과 클리퍼를 정확하게 사용하여 클리퍼 커트를 할 수 있다.
2.4 고객의 모량과 헤어디자인에 따라 다양한 방법으로 모량 조절을 할 수 있다.
2.5 클리퍼를 사용하여 아웃라인을 정리할 수 있다.</td></tr>
<tr><td>쇼트 헤어커트
마무리하기</td><td colspan="2">3.1 고객의 얼굴과 목 등의 머리카락을 제거할 수 있다.
3.2 커트 종료 후 고객 만족도를 파악하여 필요한 경우 수정 및 보정커트를 할 수 있다.
3.3 헤어커트 도구를 정리하고 주변을 즉시 정돈할 수 있다.
3.4 헤어커트 디자인에 적합한 도구와 기법으로 헤어스타일을 마무리할 수 있다.</td></tr>
<tr><td rowspan="2">수행하기</td><td>키워드 분석하기</td><td colspan="2"></td><td></td></tr>
<tr><td>Action Plan</td><td colspan="2"></td><td></td></tr>
</table>

<table>
<tr><th></th><th>8</th><th>지식(Knowledge)</th><th>기술(Skills)</th><th>태도(Attitude)</th></tr>
<tr><td>능력단위명</td><td>베이직 드라이
1201010123_16v3</td><td>○모발 상태 분석에 관한 지식
○블로우 드라이어의 종류와 사용법
○헤어매직기의 종류와 사용법
○콤아웃 기본기법
○헤어스타일 연출 제품의 종류와 사용법</td><td>○블로우 드라이기를 사용하여 모발을 스트레이트로 펴는 기술
○헤어 매직기기를 사용하여 모발을 스트레이트로 펴는 기술
○다양한 헤어스타일 연출에 따른 제품 사용 능력
○블로우 드라이기로 C컬하는 능력
○헤어매직기로 C컬하는 능력
○콤아웃 테크닉
○헤어스타일 연출 제품을 사용하는 능력</td><td>○두피와 모발을 자극하지 않도록 주의하는 자세
○고객만족을 위해 노력하는 태도
○전열기기 사용 시 안전에 주의하는 태도
○고객의 불편을 확인하고 대처하는 자세</td></tr>
<tr><td rowspan="2">능력단위요소</td><td>스트레이트 드라이하기</td><td colspan="2">1.1 모발 상태와 헤어 디자인에 따라 블로우 드라이어, 헤어 매직기, 헤어브러시 등의 기기 및 도구를 선정할 수 있다.
1.2 블로우 드라이어를 사용하여 모발을 스트레이트 드라이할 수 있다.
1.3 헤어 매직기를 사용하여 모발을 스트레이트 형태로 할 수 있다.
1.4 모발 상태와 헤어디자인에 따라 기기의 온도, 각도와 방향, 텐션 등을 조절할 수 있다.
1.5 콤아웃 기법과 헤어스타일 연출 제품 등을 사용하여 헤어스타일을 완성할 수 있다.</td><td rowspan="2">[평가]
• 수행준거에 따른 지식 · 기술 · 태도의 습득능력
• 베이스 폭과 각도 및 방향에 따른 형태 차이에 대한 인식 정도
• 완성된 헤어스타일의 밸런스
• 헤어스타일 연출 도구 및 제품 사용의 적정성
• 주변 정리 · 정돈 상태
• 고객만족도</td></tr>
<tr><td>C컬 드라이하기</td><td colspan="2">2.1 모발 상태와 헤어디자인에 따라 블로우 드라이어, 헤어 매직기, 헤어브러시 등의 기기 및 도구를 선정할 수 있다.
2.2 블로우 드라이어를 사용하여 모발을 인컬, 아웃컬의 형태로 드라이 할 수 있다.
2.3 헤어 매직기를 사용하여 모발을 인컬, 아웃컬의 형태로 할 수 있다.
2.4 콤아웃 기법과 헤어스타일 연출 제품 등을 사용하여 헤어스타일을 완성할 수 있다.</td></tr>
<tr><td rowspan="2">수행하기</td><td>키워드 분석하기</td><td colspan="2"></td><td></td></tr>
<tr><td>Action Plan</td><td colspan="2"></td><td></td></tr>
</table>

HAIR CUT disign

02

헤어커트 이론

Ⅰ. 헤어커트의 이해

Ⅱ. 두상의 이해

Ⅲ. 도구의 종류 및 사용법

Ⅳ. 커트의 종류

Ⅴ. 커트의 절차

Ⅰ. 헤어커트의 이해

❶ 헤어커트의 개념

1) 헤어커트란?

헤어커트의 정의	
헤어디자이너의 역할	

2) 헤어커트의 역사

1920년대	
1930~40년대	
1950~60년대	
1970~80년대	
1990~2000년대	
2010년 이후	

3) 헤어디자이너로서의 다짐

미용인으로서 성공하기 위해서는 건강한 몸과 건전한 정신을 유지할 수 있어야 한다. 예술가로서의 감성 훈련을 위해 디자인 관련 지식도 함양하고, 참다운 미(美)에 대해서도 고민해야 한다. 기술뿐만 아니라 자신의 인성을 높일 수 있는 자기계발에 노력하고, 본인이 몰입해서 즐겁게 시간을 보낼 수 있는 일을 찾아야 한다. 또한 수면, 운동, 휴식, 영양, 개인 위생, 개인 용모 등 일반적으로 거론되는 건강 지침관리와 기분 전환을 통해 스트레스 관리를 훈련하고 부정적인 생각을 떨치고 긍정적인 사고를 할 수 있도록 노력해야 한다. 특히 작업을 할 때 바른 자세는 피로나 많은 신체적인 문제로부터 몸을 보호해주며, 자신감 있는 이미지를 만들어준다. 긴장된 근육을 이완시키는 스트레칭과 규칙적인 운동을 통해 바른 자세를 유지할 수 있도록 해야 한다.

<table>
<tr><td rowspan="3">성공을 위한 조건</td><td></td></tr>
<tr><td></td></tr>
<tr><td></td></tr>
<tr><td rowspan="5">본인이 생각하는
헤어디자이너로서 꼭
지켜야할 규범
(3가지 이상)</td><td></td></tr>
<tr><td></td></tr>
<tr><td></td></tr>
<tr><td></td></tr>
<tr><td></td></tr>
</table>

❷ 헤어디자인의 이해

1) 고객 상담 및 디자인 결정 시 고려사항[1]

헤어커트 디자인을 결정하기 위해서는 고객과 충분한 □□와 □□□을 통해 본인이 이해한 것을 정확히 확인할 필요가 있다. 스타일 상담을 위해서는 평소 헤어 트렌드에 대한 이미지 정보를 수집하여 제공할 수 있어야 하며, 경청하는 태도로 상담에 임한다. 헤어디자인을 결정하기 위해서는 고객 두상의 형태, 얼굴 윤곽, 목선, 모발의 질감 및 고객의 요구와 개성, 라이프 스타일 등 다양한 것을 고려하여 디자인을 결정한다. 커트의 시술 전에는 고객의 전체적인 분위기와 고객의 선호도 등을 고려하여 작품을 구상한 후 고객 상담을 통해 커트형을 정하도록 한다.

모발 상태	모류 (가마, 네이프, 페이스 라인 등)	
	모발의 양, 성질, 손상도	
	모발 색상(컬러)	
신체적 특징	얼굴형	
	두상	
	신장	
	체형(목, 어깨)	
고객 특징	직업	
	개성, 라이프 스타일	
	모발 손질 능력, 사용 제품	
기타		

1) NCS [고객응대 서비스], [헤어서비스 준비], [헤어샴푸] 능력단위와 연결되므로 참조한다.

2) 헤어디자인 요소

형태(form)	
질감(texture)	
색상(color)	

3) 디자인 법칙

반복(repetition)	
교대(alternation)	
진행 (progression)	

대조(contrast)	
비조화(discord)	
균형(balance)	대칭(symmetry) 비대칭(asymmetry)

※ 디자인 원칙	
조화(harmony)	
통일(unity)	
균형(balance)	
율동(rhythm)	

Ⅱ. 두상의 이해

❶ 두부의 명칭

1) 두상 부위별 포인트

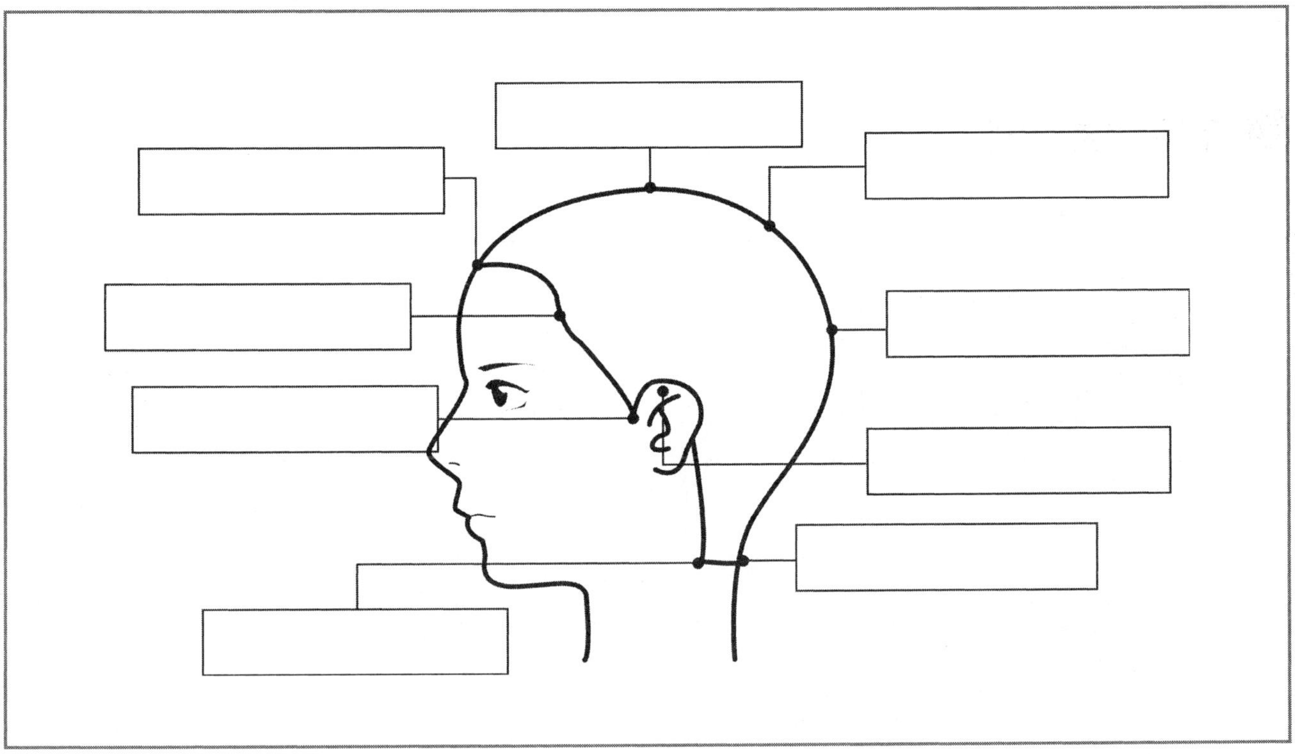

① C.P	Center Point	센처 포인트
② T.P	Top Point	탑 포인트
③ G.P	Golden Point	골덴 포인트
④ B.P	Back Point	백 포인트
⑤ N.P	Nape Point	네이프 포인트
⑥ F.S.P	Front Side point	프론트 사이드 포인트
⑦ S.P	Side point	사이드 포인트
⑧ S.C.P	Side Corner Point	사이드 코너 포인트
⑨ E.P	Ear Point	이어 포인트
⑩ E.B.P	Ear Back point	이어 백 포인트
⑪ N.S.P	Nape Side Point	네이프 사이드 포인트
⑫ C.T.M.P	Center Top Medium Point	센터 탑 미디엄 포인트
⑬ T.G.M.P	Top Golden Medium Point	탑 골덴 미디엄 포인트
⑭ G.B.M.P	Golden Back Medium Point	골덴 백 미디엄 포인트
⑮ B.N.M.P	Back Nape Medium Point	백 네이프 미디엄 포인트

2) 두부 부위별 명칭

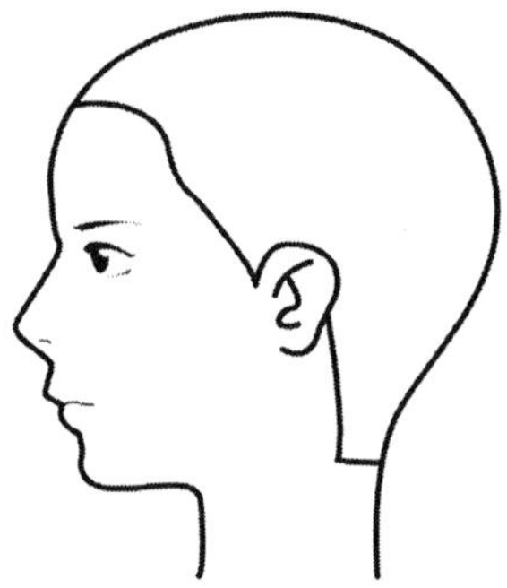

❷ 두부 기본 라인

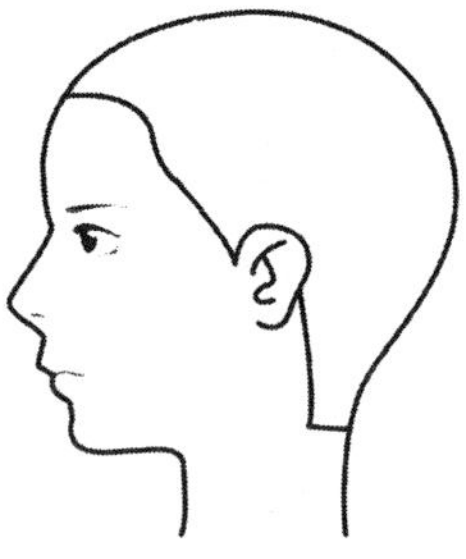	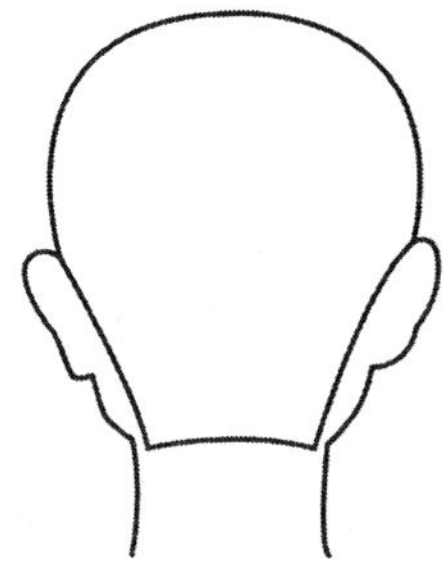	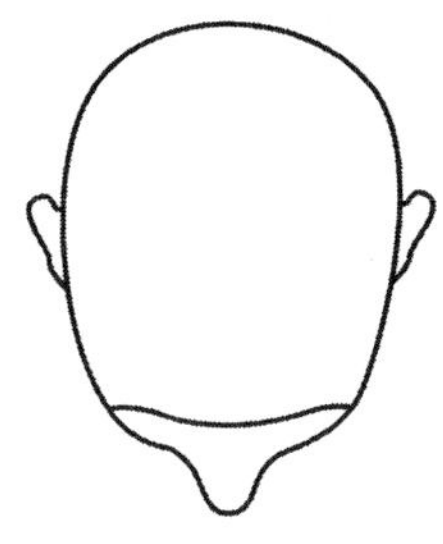
측중선	정중선	
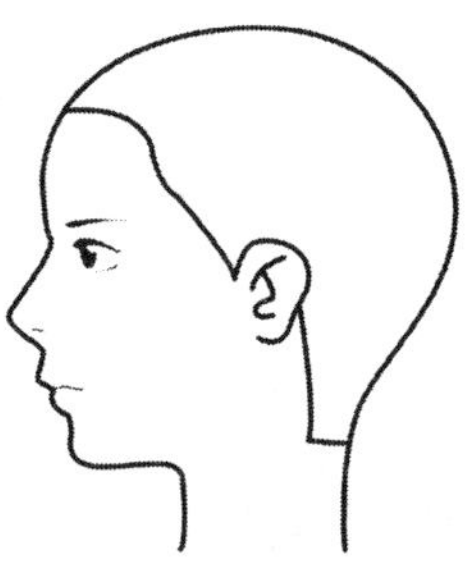	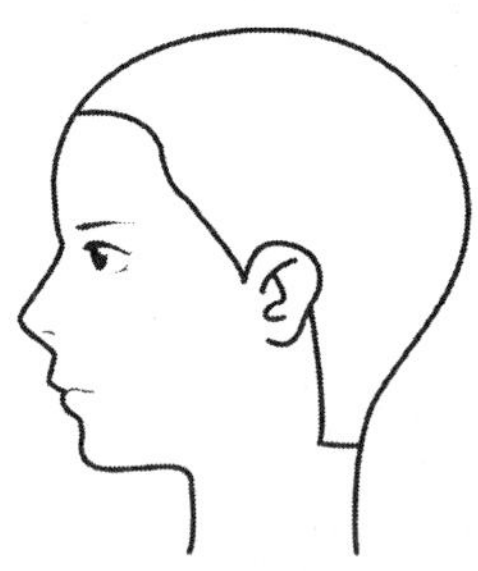	
페이스 라인	목 옆선	목 뒷선
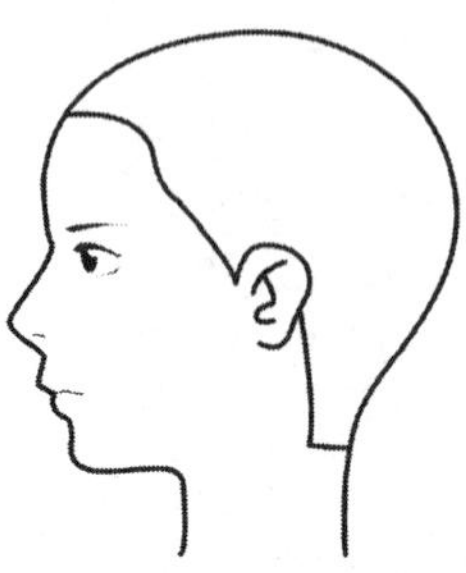	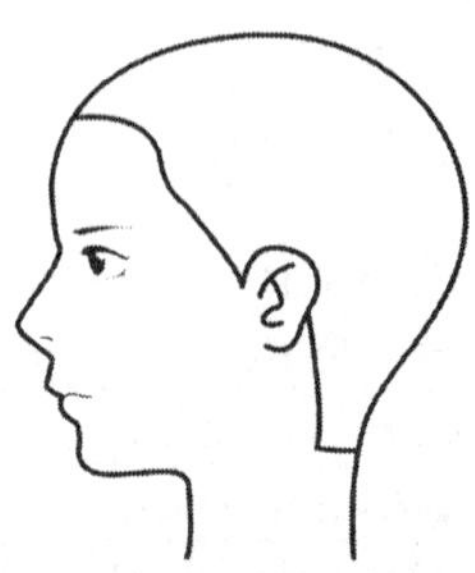	
햄 라인	헤어 라인	네이프 라인

Ⅲ. 도구의 종류 및 사용법

❶ 주요 도구

1) 가위(scissors)

가위는 모발을 자르고 헤어스타일을 연출하는 도구이다.

(1) 가위 각부의 명칭

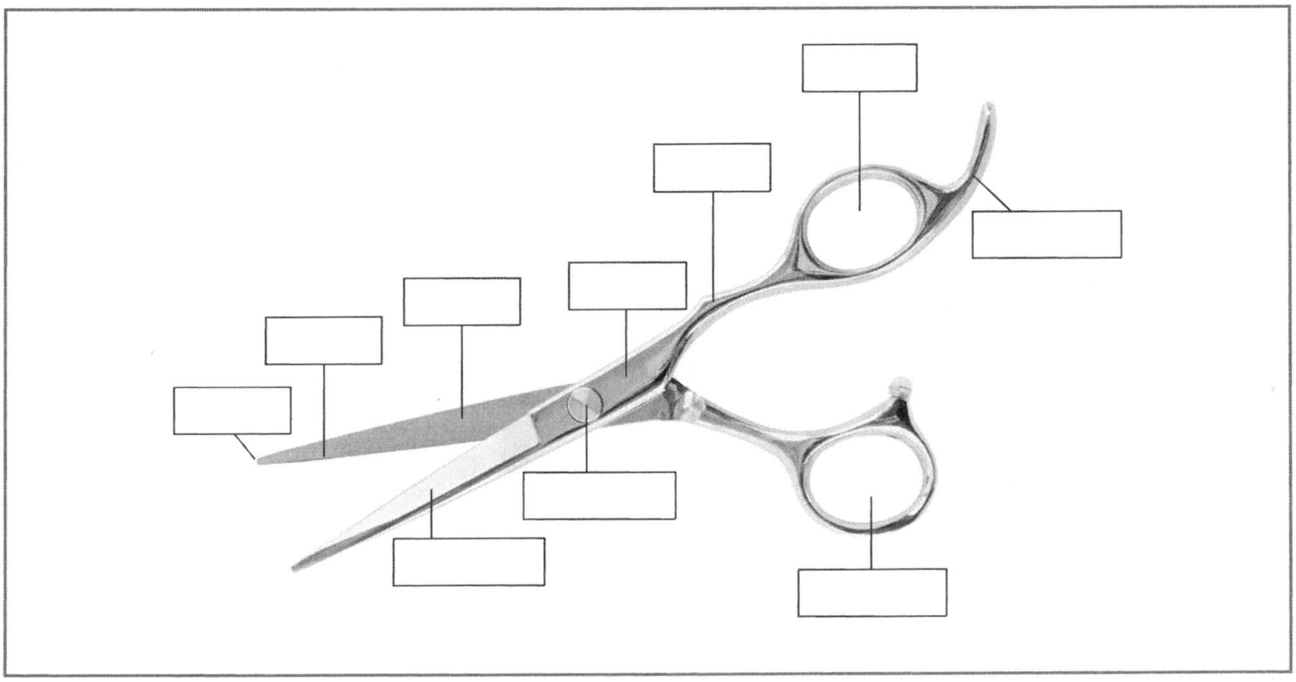

(2) 가위의 종류와 특징

① 형태에 따른 종류

가위는 4~7inch까지 길이가 다양하고 직선형과 R형 등 모양도 다양하다. 길이가 짧을수록 섬세한 컷을 연출 할 수 있고, 길수록 신속하게 할 수 있는 장점을 가지고 있다. 가위는 자신의 손가락에 맞는 것을 선택하여 손의 연장선으로 느껴질 만큼 익숙해지도록 연습하는 것이 중요하다.

㉠ 커팅가위(scissors) : 두발을 커트하고 세이핑하는 데 사용
㉡ 틴닝가위(thinning scissors) : 두발의 숱의 분량을 조절하여 숱 감소에 사용
㉢ R-가위 : 귀 부분의 둥근 라인을 커트할 때 사용이 용이하다.
㉣ 장가위 : 남성커트 시 싱글링 기법에 많이 사용한다.

커팅가위	틴닝가위
R-가위, 요술가위, 스트록가위 등	**장가위**

② 용도에 따른 분류

㉠ 커팅가위 : 커팅과 세이핑에 사용되며 미니 시저스, R 시저스, 빗 겸용 시저스가 있다.

커팅가위

㉡ 틴닝가위 : 두발 숱을 쳐내는데 사용한다. 일면 톱니날과 양면 톱니날이 있으며, 발의 수에 따라 20발 이하는 질감처리 시 테크닉용으로, 27~33발은 기본 커트용, 40발 이상은 반 커트용으로 사용한다.

틴닝가위

③ 재질에 따른 분류

㉠ 착강가위 : 협신부와 날 부분이 서로 다른 재질로 만들어져 있으며 협신부는 연강, 날은 특수강이다.

㉡ 전강가위 : 전체가 특수강으로 만들어져 있으며 구조는 착강가위와 동일하다.

(3) 가위의 선택 방법

(4) 가위의 손질 및 보관방법

① 가위는 사용 후 녹이 슬지 않도록 휴지나 마른 타월 등으로 닦아낸다.
② 나사 부분에 기름칠을 하여 녹이 슬지 않도록 보관한다.
③ 고온을 피하고 습기가 적고 건조한 곳에 보관한다.
④ 석탄산수, 크레졸수, 에탄올, 자외선 등으로 소독한다.

2) 틴닝가위(thinning scissors)

커트 후 모량이 많은 부위와 무거워 보이는 부분의 모량을 조절하기 위해 사용하는 가위로서 길이는 그대로 유지하면서 모발의 질감 조절이 가능한 도구이다.
한쪽에 양철 모양의 날이 있고 고운 것부터 얽은 살까지 여러 가지 형태가 있는데, 가위 날의 간격이 고울수록 숱을 쳐내는 양이 적다.

틴닝가위 종류

3) 레이저(razor)

모발을 자르는데 사용하며 면도날을 끼워서 커트에 사용하는 도구로서 직선적이고 뭉툭하고 딱딱한 기법이 아닌 자연스럽고 부드러운 스타일의 질감을 표현하는 연출을 하거나 모발의 양을 감소시킬 수 있는 도구이다. 날이 날카로우므로 상처가 나지 않게 주의하여 취급해야 한다.
이 도구의 잘못된 사용은 모표피를 손상시키는 결과를 가져올 수 있으므로 시술방법을 정확히 숙지한 후 사용하여 모발 손상의 원인을 줄이도록 해야 한다.

(1) 레이저의 구조

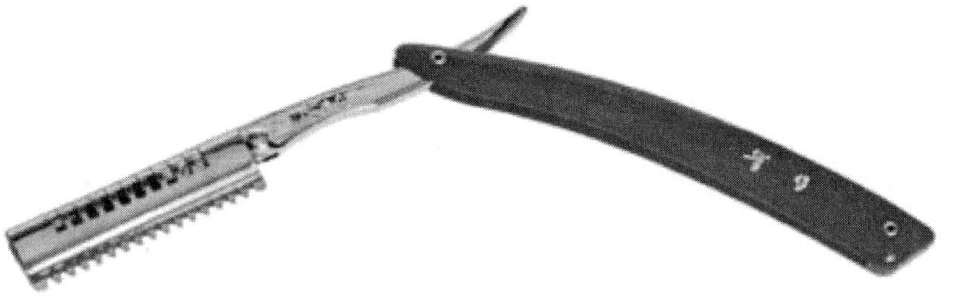

(2) 레이저의 종류

① 사용 용도에 따른 종류

일상용 레이저(ordinary razor)	
세이핑 레이저(shaping razor)	

② 형태에 따른 종류

양날 레이저, 일자형 레이저, 접이식 레이저 등이 있다.

(3) 사용 방법 및 특징

① wet커트로서 물기는 전체적으로 균등하게 분무한다. 고르게 분무하지 않으면 모발이 당겨져서 피시술자에게 아픔을 주며 원하는 커트 길이로 조절하기 어렵고 모발에 손상을 줄 수 있다.
② 모발을 tapering함으로써 모발 겹침에 변화를 주어 부드럽고 가벼운 질감을 만든다.
③ 가벼운 움직임을 자유자재로 낼 수 있으며, 힘이 강한 모발을 부드럽게 만든다.
④ 디자인에서 불필요한 모량을 조절할 수 있다.
⑤ 능률적이다.

(4) 주의사항

(5) 선택 방법

(6) 손질 및 보관방법

① 사용 후 수분과 불순물 등을 제거하다.
② 석탄산수, 크레졸수, 포르말린수, 에탄올, 역성비누 등으로 소독한다.
③ 사용 후 항상 자외선 소독을 한다.
④ 소독 후 청결하게 보관한다.

시저스(scissors)와 레이저 커트(razor cut)

헤어 커팅은 크게 시저스를 사용하는 커트 방법과 레이저를 사용하는 커트 방법으로 나뉘며, 각각의 장점을 이용하여 스타일을 연출하면 효과적이다.

■ 레이저에 의한 방법
- 웨트 커트(wet cut)라 하여 젖은 상태로 커트한다.
- 두발을 적당히 적셔 모발을 손상시키지 않도록 한다.
- 정확하게 커트하기 위하여

■ 시저스에 의한 방법
- 두발을 적시지 않는 드라이 커트(dry cut)와 두발을 적시는 웨트 커트(wet cut)를 병행 할 수 있다.
- 드라이 커트 시 지나친 길이의 변화가 없는 수정이 용이하다.
- 웨이브나 컬 상태와 두발, 손상모 등을 간단하게 추려내는데 효과적이다.
- 전체적인 헤어스타일의 파악이 용이하다.

	커트과정 시 두발의 상태	사용되는 도구
웨트 커트(wet cut)	젖은 상태	레이저
드라이 커트(dry cut)	마른 상태	가위, 클리퍼

4) 클리퍼(clipper)

머리를 짧게 커트할 때 또는 네이프 부분이나 사이드 부분을 짧게 커트할 때 사용하는 동력기구

(1) 클리퍼의 유래

(2) 클리퍼의 원리

(3) 클리퍼의 구조

클리퍼 각부의 명칭

(4) 클리퍼의 종류

① 사용 용도에 따른 종류

수동식과 자동식 클리퍼가 있다.

② 형태에 따른 종류

일반 전문가용 클리퍼, 소형 클리퍼, 눈썹 클리퍼 등이 있다.

(5) 사용법

① 머리를 짧게 커트할 때 또는 네이프 부분, 사이드 부분을 짧게 커트할 때 사용하는 기구

②

③

④

⑤

⑥

(6) 선택 방법

①
②
③
④
⑤
⑥

(7) 손질 및 보관방법

① 사용 후 반드시 캡을 열고 사이에 끼어있는 모발을 소형 브러시로 털어낸다.
② 날 교차 지점 부근에 기름칠을 한다.
③
④

5) 빗(comb)

빗은 4500~5000여년 전 승문 시대 말경부터 사용된 것으로 추정되며. 머리 장식의 한 부분으로 사용되다가 지금은 주로 모발의 정리정돈을 위한 목적으로 사용되고 있다.

(1) 빗의 종류

① 용도에 따른 분류

랫 테일 콤(rat-tail comb)

② 재질에 따른 분류

각재	
별갑제	
합성 수지제	
금속, 나무 등	

(2) 빗의 선택법

㉠ 빗 허리 : 너무 매끄럽거나 반질거려서는 안 된다.
㉡ 빗살 : 끝이 가늘고 전체가 균등하게 똑바로 나열된 것을 선택한다.
㉢ 빗살 끝 : 두피와 접해 두발을 일으켜 세우며, 너무 뾰족하거나 무딘 것은 충분한 작용을 할 수 없기 때문에 피하는 것이 좋다.
㉣ 빗살 사이 : 간격은 균등한 것이 좋다.
㉤ 빗 몸 : 전체를 지탱하고, 균형을 잡는 역할로 끝이 약간 둥근 것이 좋다.
㉥ 재질 : 너무 매끄럽지 않아야 하며 내열성· 내수성·내유성 등에 강하고, 빗 몸과 빗살의 눈금이 같은 방향으로 흐르는 것이 좋다.

(3) 빗의 구조

얼레살(large teeth)	
고운살(small teeth)	

(4) 빗 손질법

빗살 사이에 묻은 먼지와 때 등을 제거하고 비눗물에 담갔다가 브러시로 닦아준다. 오염이 심한 경우 석탄산수, 크레졸 ,포르말린, 자외선, 역성 비누액 등을 사용하고 자비나 증기소독은 피하며, 소독약에 오래 담가두면 휘어지는 경우가 있으므로 주의한다. 사용 후에는 항상 자외선 소독기에 넣어 소독하도록 한다.

❷ 기타 도구

1) 클립(clip)

모발을 고정시키는 도구로서 핀셋이라고도 한다.

① 재질 :

② 모양 :

2) 분무기(hair spray)

모발을 적시기 위한 도구

모발을 적시는 이유

3) 페이스 브러시(face brush, 솔, 스펀지)

4) 커트보

5) 넥 페이퍼(neck paper)

커트 시 모발이 커트보 안이나v옷, 몸에 들어가지 않도록 목에 둘러주는 페이퍼로 1회용으로 사용한다.

6) 페이스 필름(face film)

Ⅳ. 커트의 종류

❶ 원랭스(one-length, solid form)

일명 단발머리라고 불리며 커트된 선이 하나이기 때문에 원랭스 커트라고 한다.

잘려진 모발 단면은 일직선으로 층이 전혀 없기 때문에 무게감을 줄 수 있다. 커트의 각도는 0도로서 층이 전혀 없는 커트이다. 커트 길이 라인을 잡기 위해 네이프 부분과 앞머리 뱅(bang)을 만들 때 자주 사용되며, 아웃 라인(out-line) 형태에 따라 수평형, 앞올림형, 앞내림형 등으로 나뉜다.

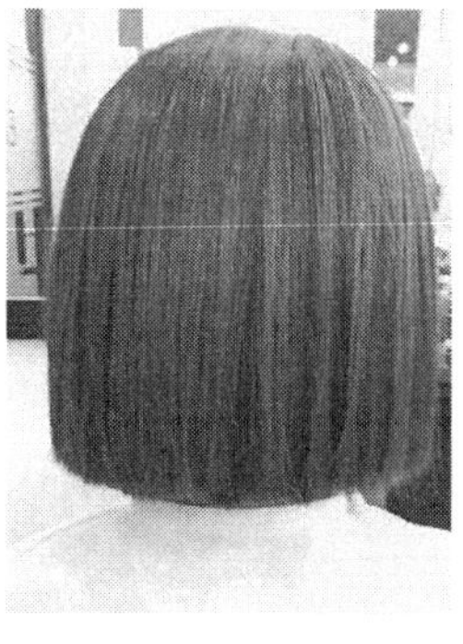	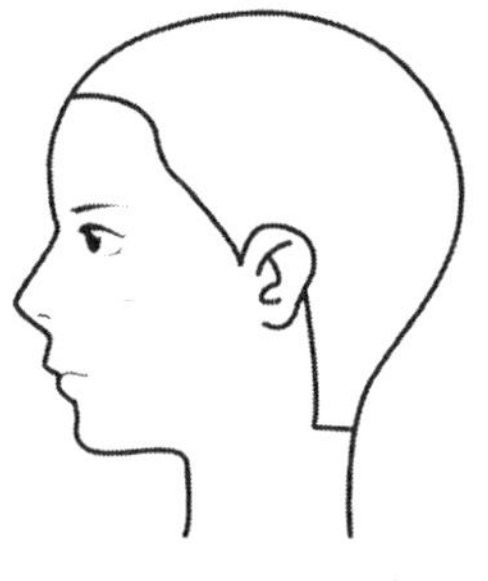	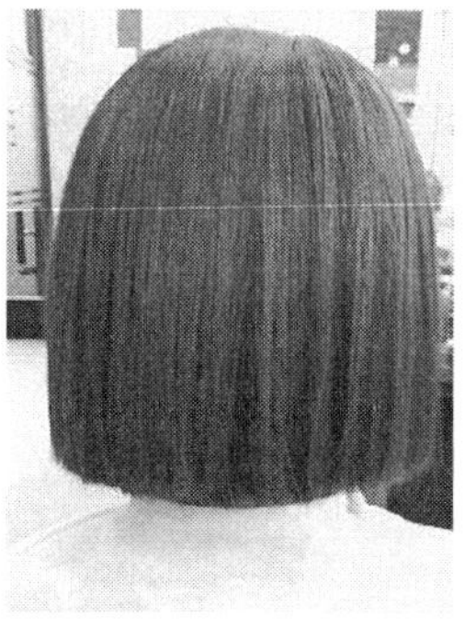	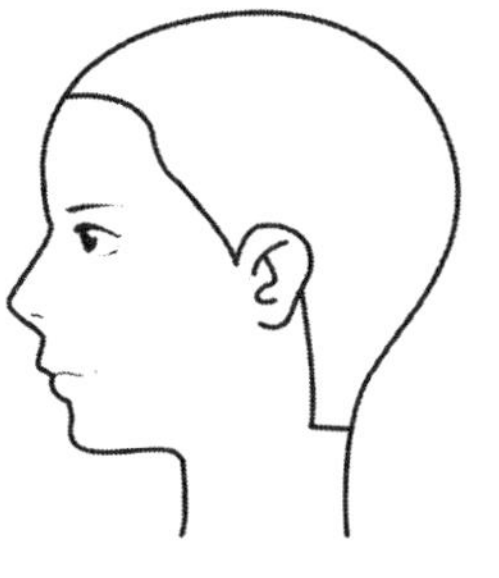
one-length	구조그래픽	형태의 질감	커트 line

1) 수평형(일자형(-), 평행 보브, parallel bob style)

전형적인 단발머리로 일자형(-)의 디자인이 되도록 하는 커트이다.

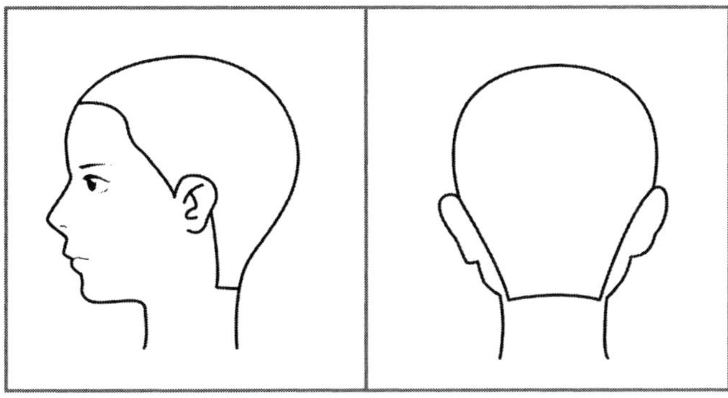

커트의 긍정적 이미지	
커트의 부정적 이미지	
특　징	
커트의 선호도	

2) 앞올림형(V-line형, isadora bob style)

앞올림형의 형태로 후두부의 모발보다 사이드의 모발이 짧아지게 자르는 커트이다.

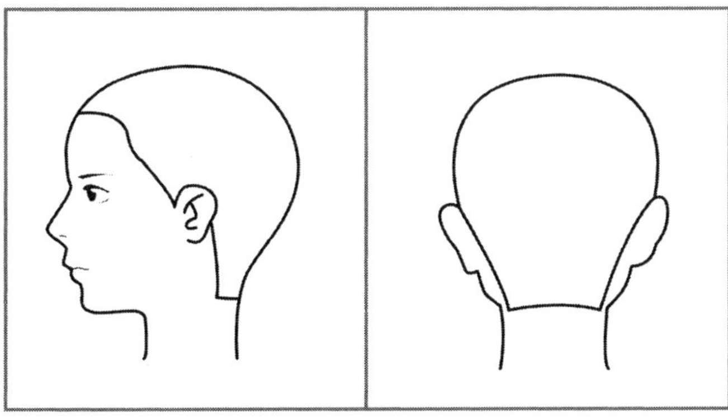

커트의 긍정적 이미지	
커트의 부정적 이미지	
특　징	
커트의 선호도	

3) 앞내리형(A-line형, spaniel bob style)

앞내림형의 형태로 후두부의 모발보다 사이드의 모발이 길어지게 자르는 커트이다.
목이 짧을때 적용하기 용이하며 세련된 도시적인 이미지를 연출할 수 있다.

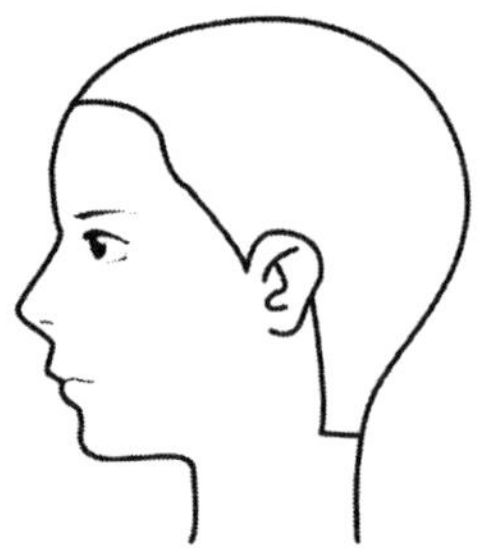

커트의 긍정적 이미지	
커트의 부정적 이미지	
특　징	
커트의 선호도	

4) 머쉬룸형(mushroom형)

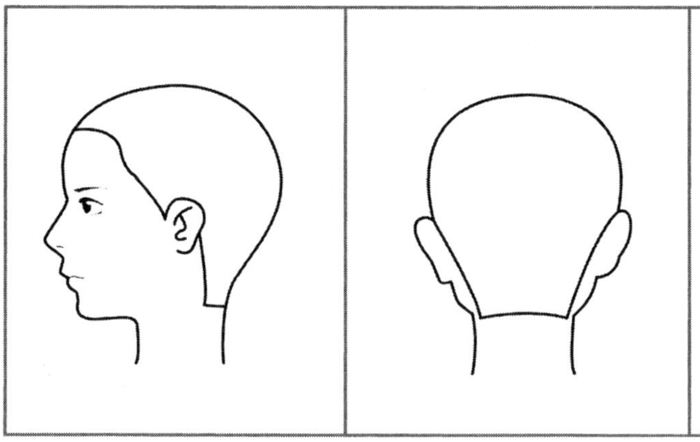

커트의 긍정적 이미지	
커트의 부정적 이미지	
특　징	
커트의 선호도	

[다양한 디자인 자료 검색하기]

❷ 그래쥬에이션 커트(graduation form)

모발의 각도를 0° 이상 90° 이하로 들어서 커트를 함으로써 미세한 층에 의한 입체감이 형성되는 커트를 그래쥬에이션 커트라고 하며, 입체감으로 납작한 두상을 보완하는 커트이다. 각도에 따라 로우(low, 1-40°), 미디엄(medium, 40-50°), 하이(high, 50-89°) 그래쥬에이션으로 나눌 수 있다.

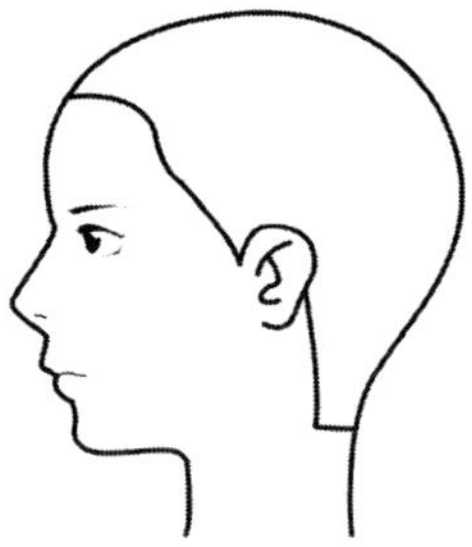

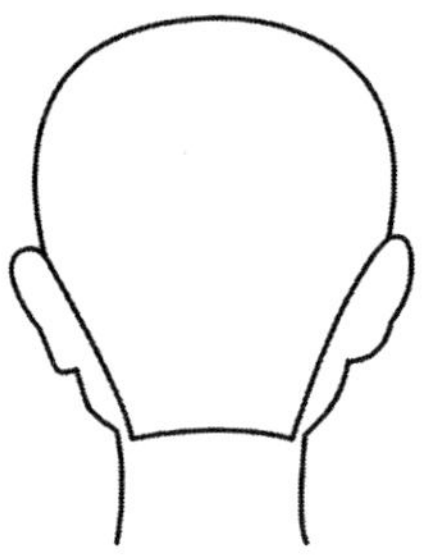

커트의 긍정적 이미지	
커트의 부정적 이미지	
특 징	
커트의 선호도	

[다양한 디자인 자료 검색하기]

❸ 유니폼 레이어 커트(uniform layer, same layer, round layer)

두상 시술 각도 90˚를 적용하여 두상 전체 길이가 같도록 커트하는 스타일이다.
층에 의해 거친 질감 표현이 가능하다.

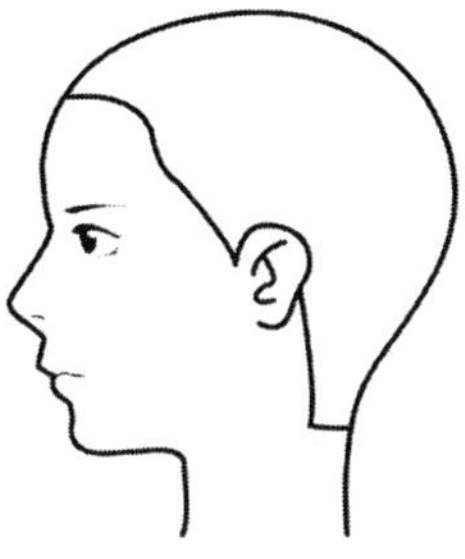		

커트의 긍정적 이미지	
커트의 부정적 이미지	
특 징	
커트의 선호도	

[다양한 디자인 자료 검색하기]

❹ 인크리스 레이어 커트(increase layer form)

두상 시술 각도 90° 이상을 적용하여 하부는 길고, 상부는 짧은 급격한 층이 나는 커트 스타일이다. 층에 의한 거친 질감과 무게감이 전혀 없는 가벼움이 표현된다.

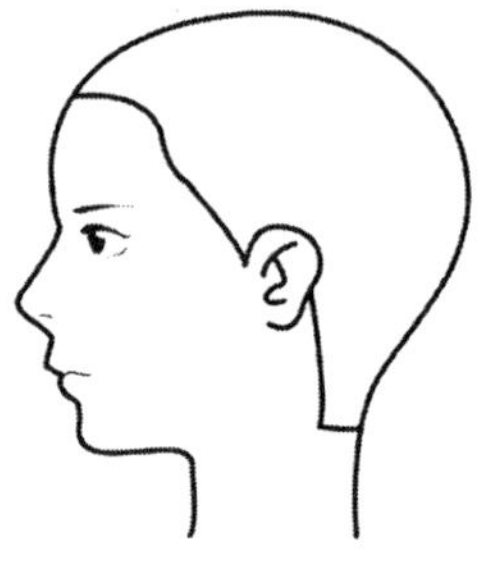

커트의 긍정적 이미지	
커트의 부정적 이미지	
특 징	
커트의 선호도	

[다양한 디자인 자료 검색하기]

❺ 콤비네이션 커트(combination cut)

이전의 다양한 커트 기법이 혼합되어 있는 것을 말한다.

(예) 스퀘어 커트(square cut)

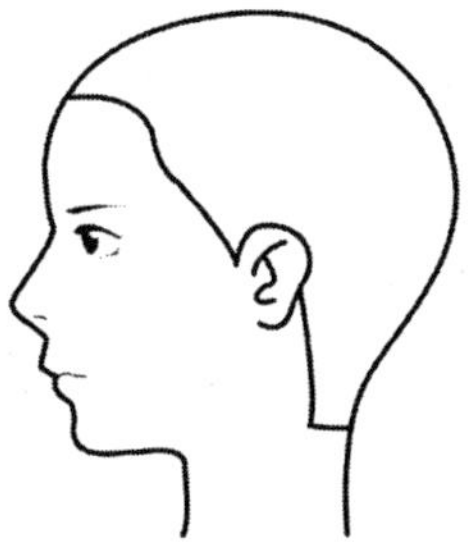

커트의 긍정적 이미지	
커트의 부정적 이미지	
특　징	
커트의 선호도	

[다양한 디자인 자료 검색하기]

Ⅴ. 커트의 절차

❶ 블로킹(blocking)

커트를 정확하게 시술하기 쉽고 두상에 구획을 나누는 것으로, 파팅(parting)이라고도 한다. 블로킹은 의도하는 디자인과 관련이 있고, 균형 · 대칭의 비율, 모발의 성장 패턴 등 다양한 요소를 고려하여 나누어야 한다.

커트 시 블로킹은 기본적으로 전두부, 측두부, 후두부로 나누는 방법이 가장 기본적이다. 커트의 종류 중 층이 나지 않는 원랭스형의 디자인을 하고자 할 때에는 4등분을 많이 사용하고 있으며, 앞모발을 따로 커트할 경우에는 전두부를 나누어 5등분 블로킹을 하게 된다. 또한 그래쥬에이션 커트나 레이어 커트에서는 일반적으로 5등분 블로킹을 하고 있다.

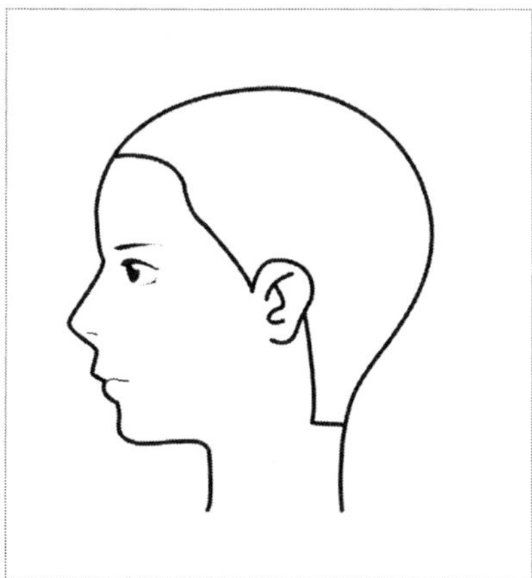

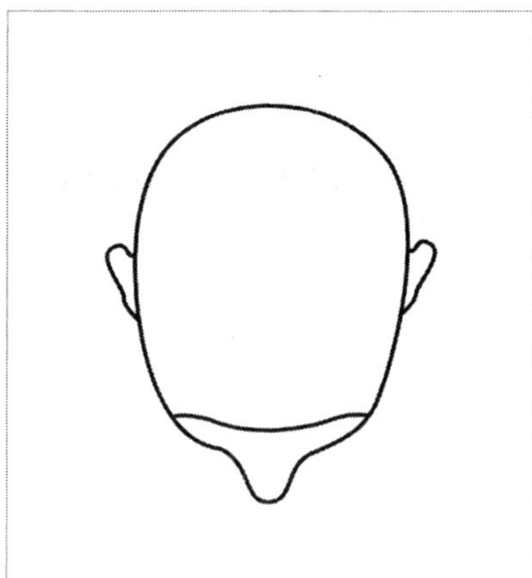

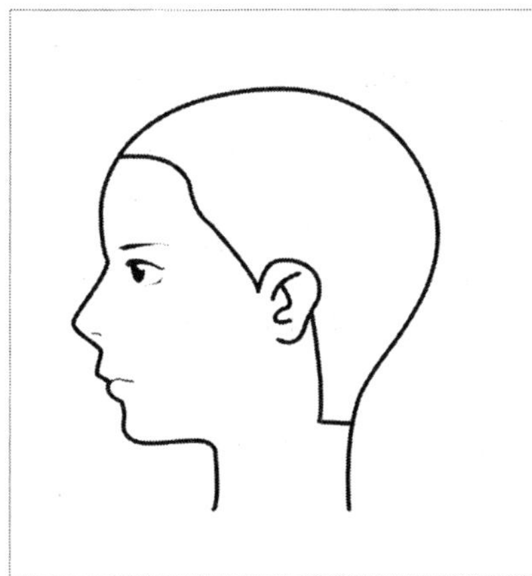

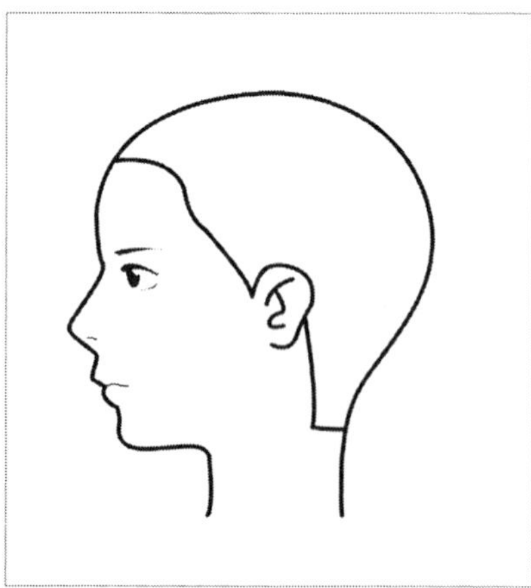

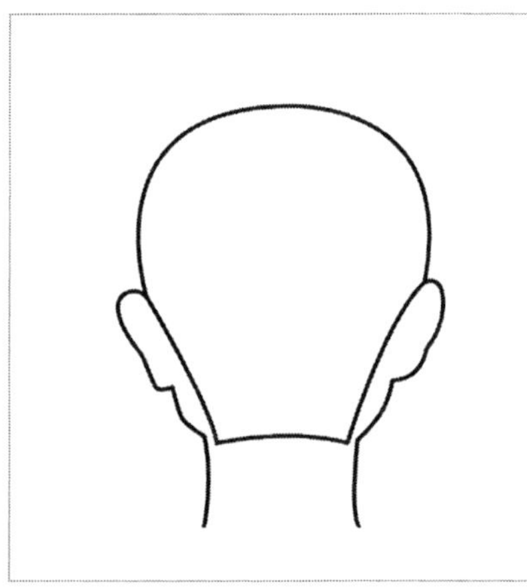

1) 블로킹 종류

	측두부	후두부	전두부
기본 4등분 블로킹	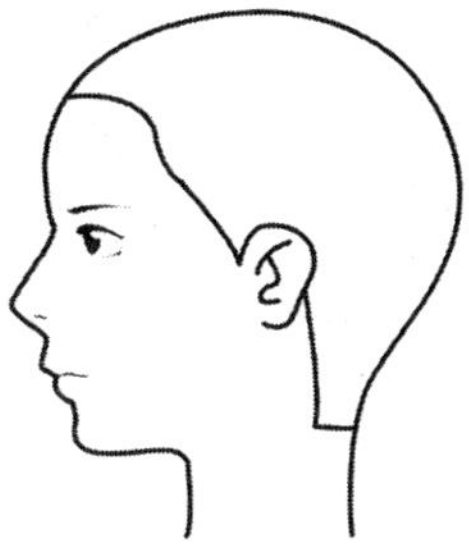	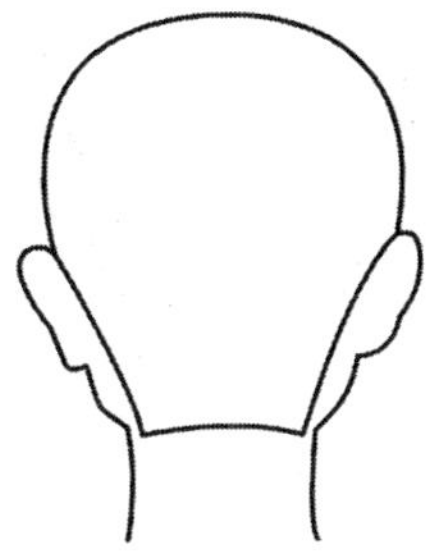	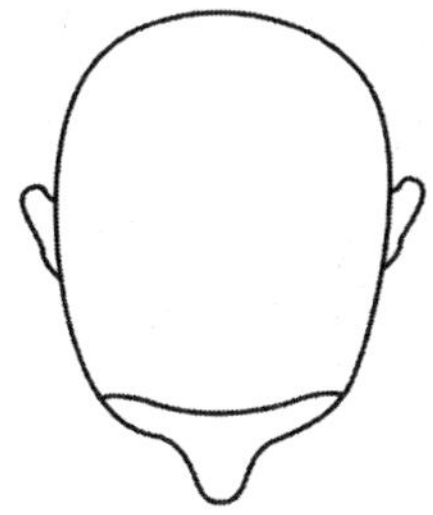
기본 5등분 블로킹	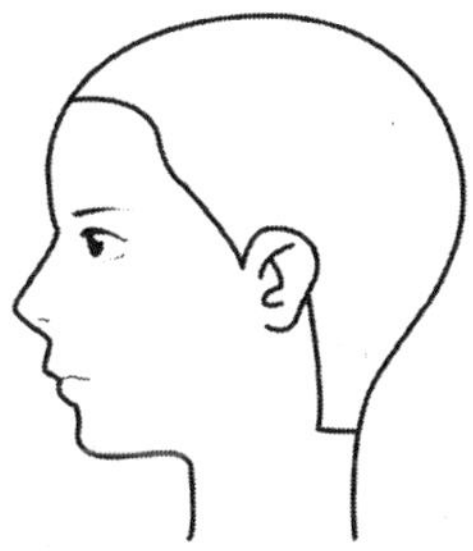		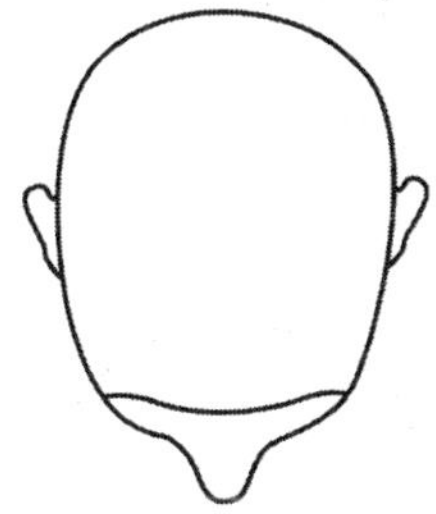

2) 블로킹 기본 동작

(1) 세로 동작

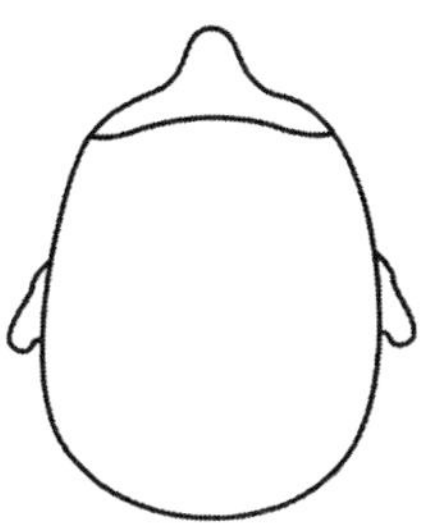		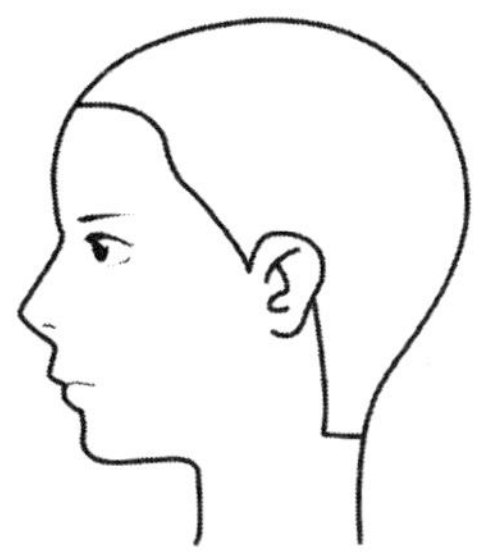	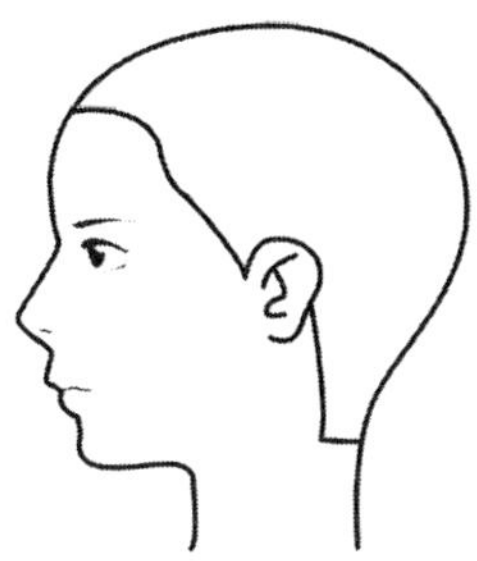

(2) 가로 동작

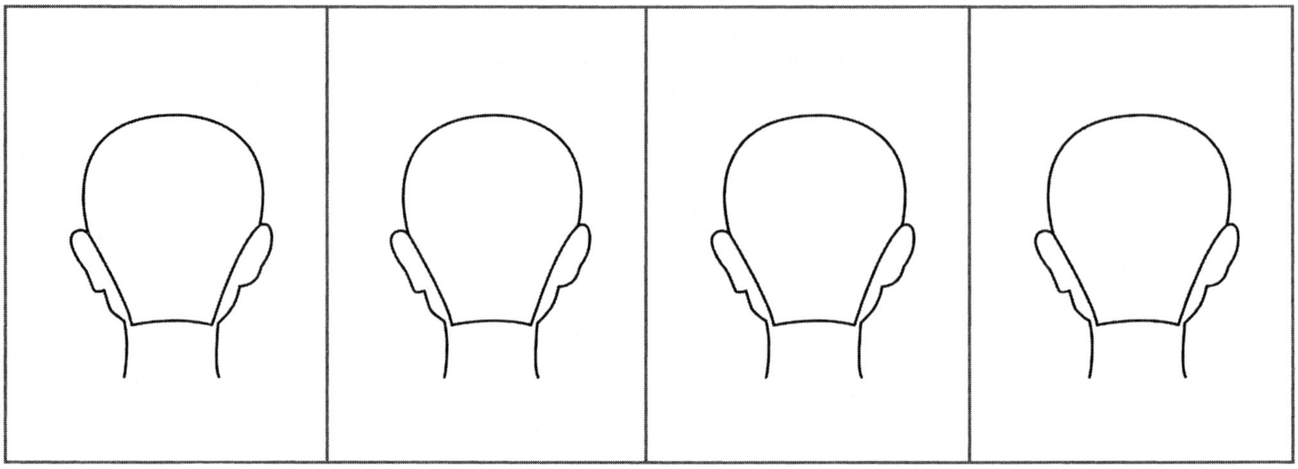

(3) 사선 동작

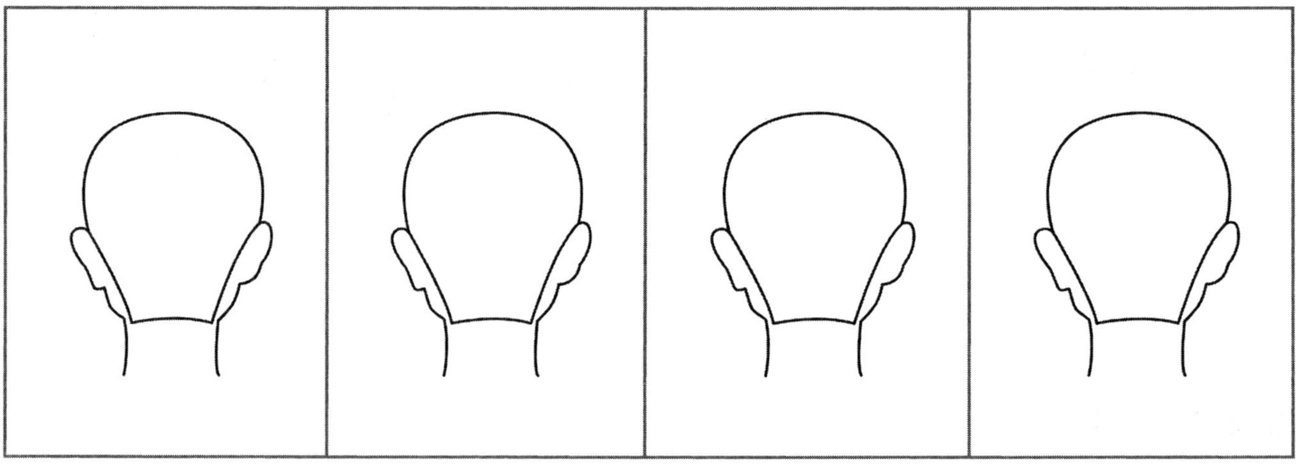

3) 다양한 블로킹

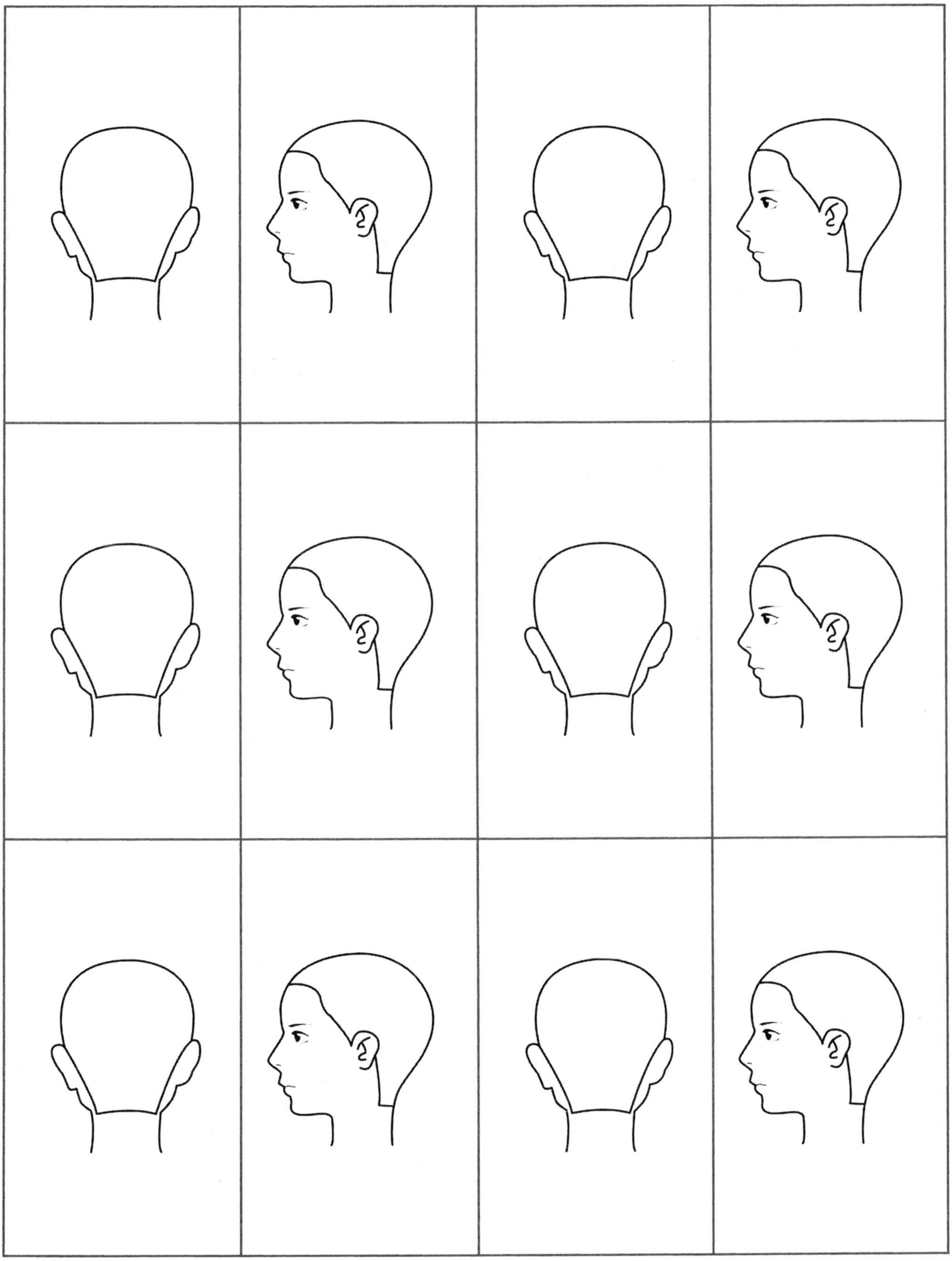

❷ 두상의 위치

헤어 커트를 할 때에는 두상을 똑바로 했을 때와 앞으로 숙였을 때 out-line에 다른 형태가 만들어지므로, 디자인에 따라 고개 위치를 선정한다.

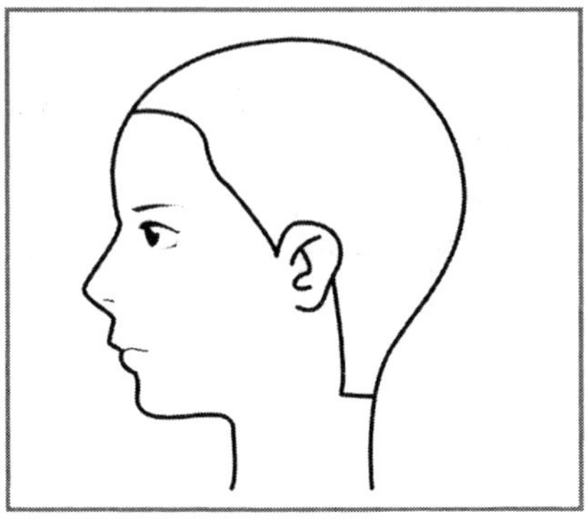

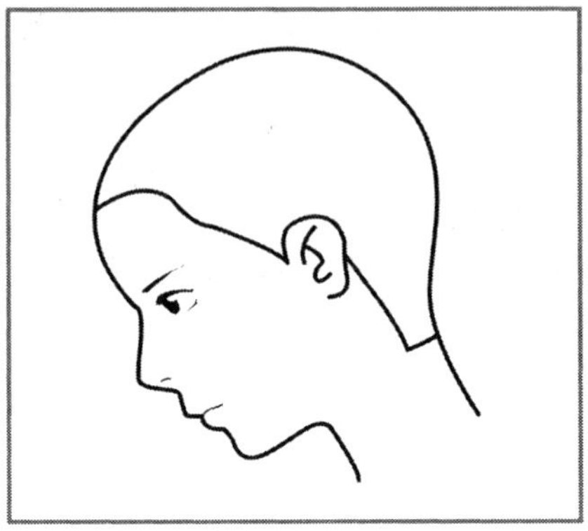

■ 커트 시술 후 모발을 붙여 커트라인의 상태를 살펴보자.

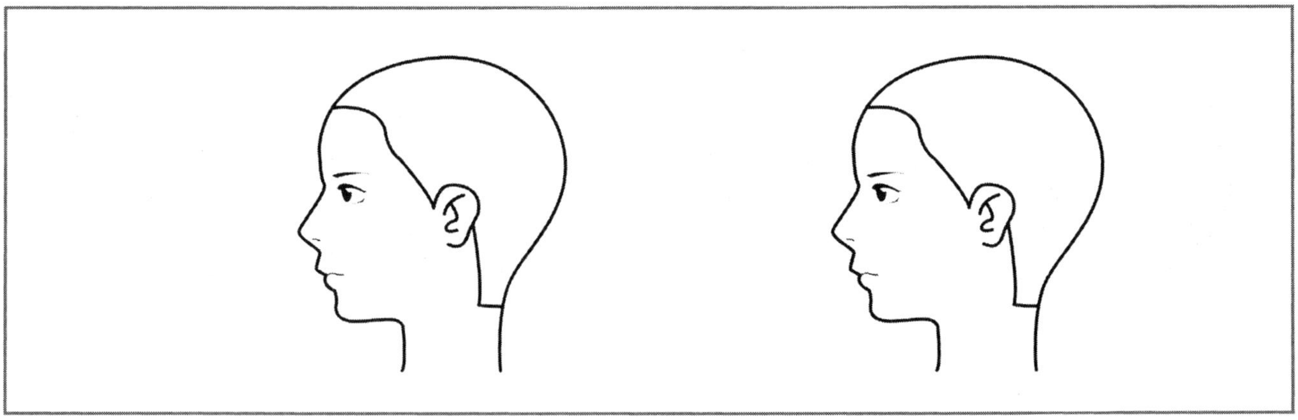

결과 ☞

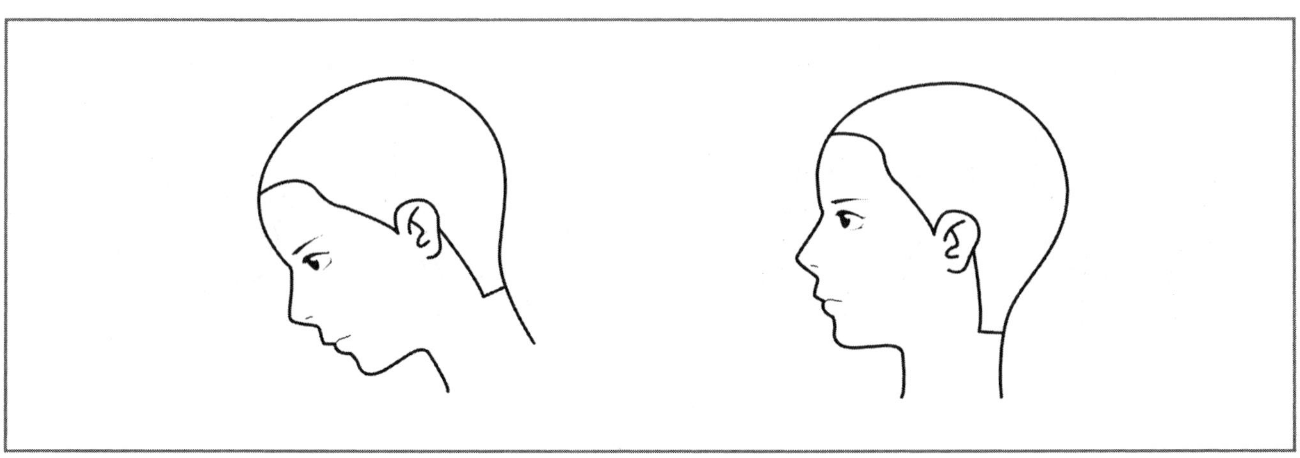

결과 ☞

③ 섹션(section)

섹션은 커트시 블로킹을 더 작게 세분화하여 나누는 커트 라인을 의미하며[2], 선의 방향에 따라 명칭이 다양하다.

	섹션의 형태	적용되는 커트 out-line
가로 섹션(horizontal section) 특징 :	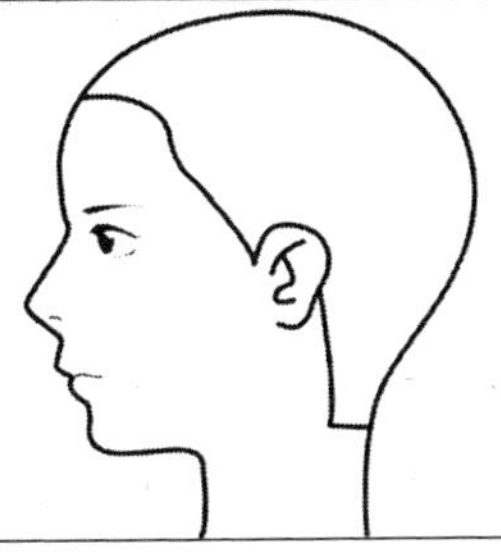	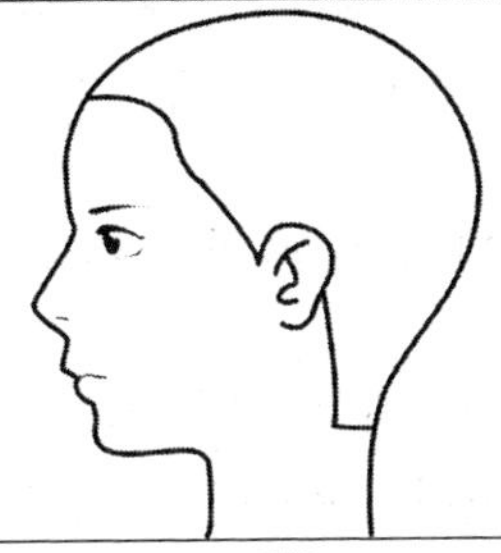
세로 섹션(vertical section) 특징 :	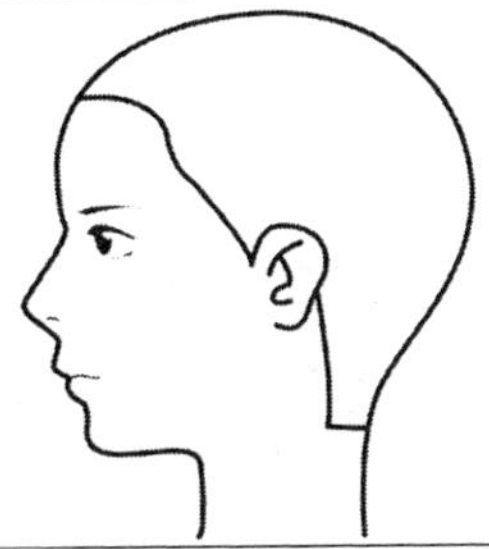	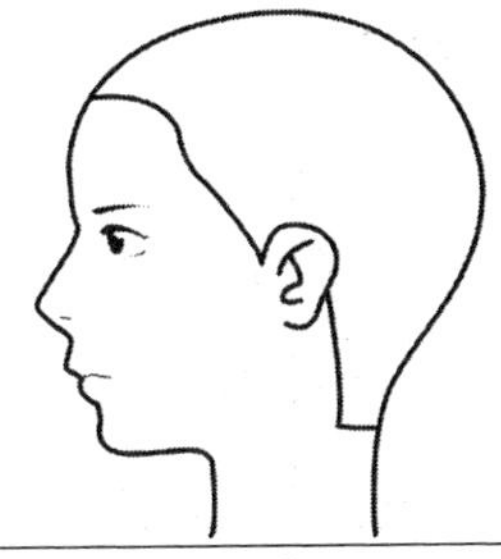
사선 섹션(전대각, diagonal forward line) 특징 :	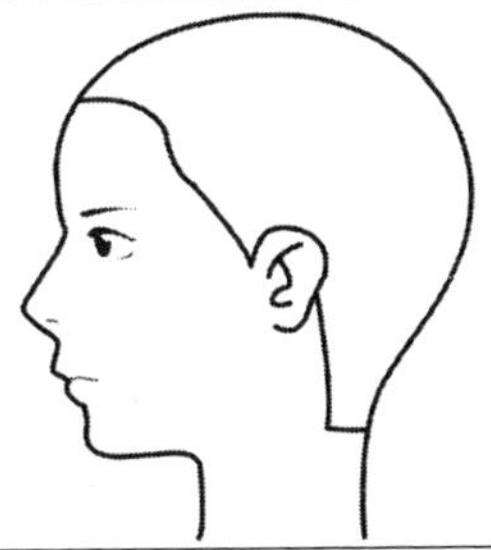	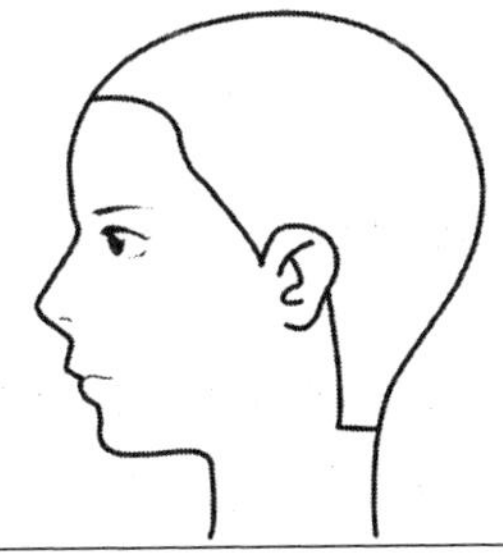
사선 섹션(후대각, diagonal backward line) 특징 :	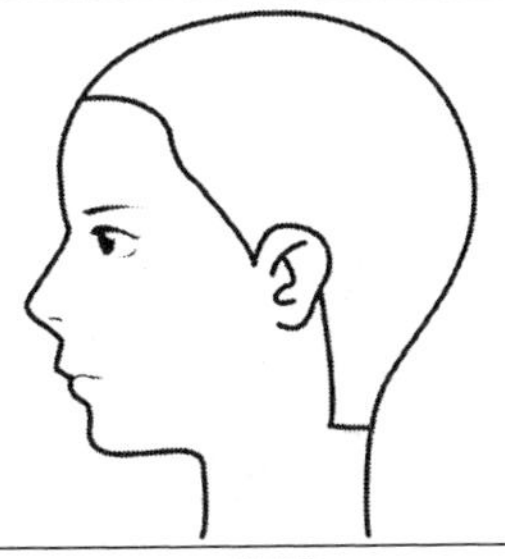	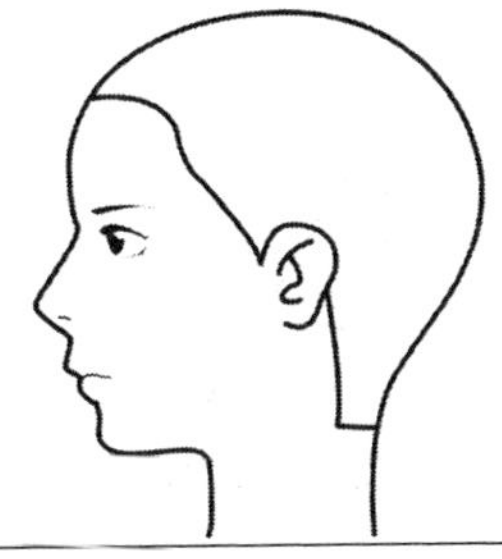
방사선 섹션(pivot section) 특징 :	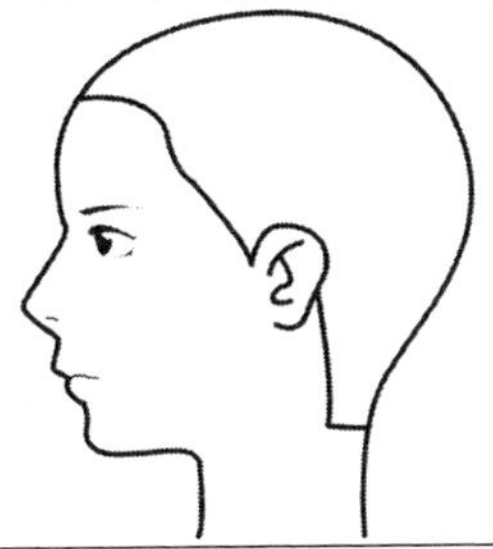	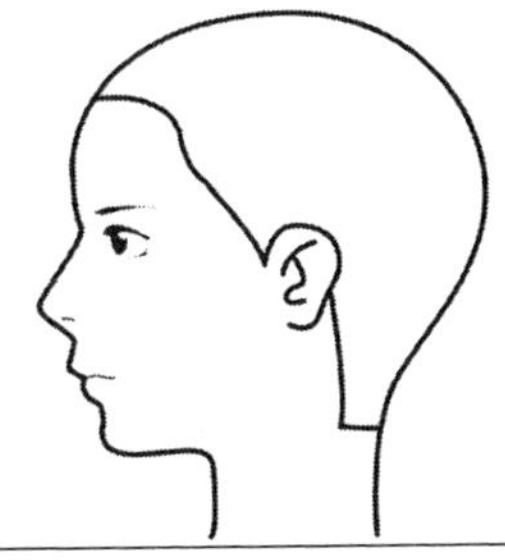

2) 슬라이스(slice) : 섹션과 유사한 개념으로 사전 계획된 커트 디자인의 형태선에 맞추어 헤어커트를 시술하기 위하여 두상에 모발을 나누는 선과 그 형태를 말하며, ― 라인, A 라인(concave), V 또는 U 라인(convex) 등의 형태가 있다. 슬라이스 라인에 의해 만들어진 영역은 섹션(section)이 되며, 이것은 다시 여러 개의 베이스(base)와 패널(panel)이 된다.

④ 베이스(base)와 분배(distribution)

1) 베이스

스트랜드(strand)[3)]를 잡았을 때, 그 스트랜드의 기본, 토대, 뿌리를 말하며 그 베이스 방향을 어떻게 하느냐에 따라 아래 3가지 베이스로 나뉜다.

(1) 온 더 베이스(on the base)

베이스의 폭은 1~1.5cm 정도가 적당하고, 이 폭의 중심이 90° 가 되도록 모발을 잡는 것을 온 더 베이스라 한다. 동일한 길이로 cut하려 할 때 사용되며 바깥쪽은 코너가 생기게 되므로 주의하여 다음 커트를 진행한다.

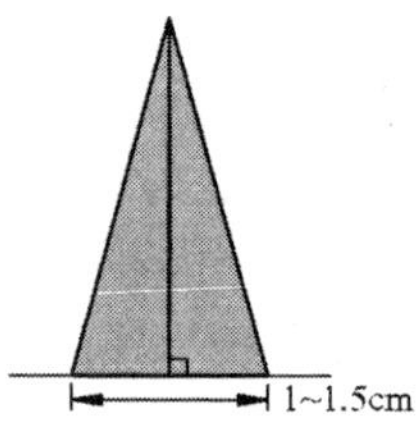

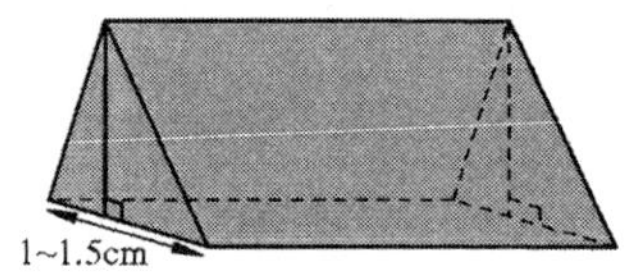

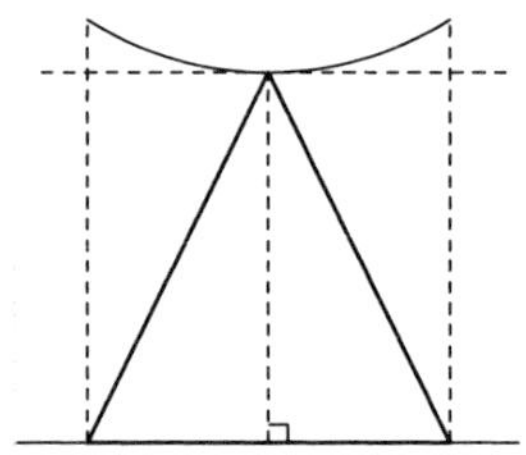

(2) 사이드 베이스(side base)

스트랜드를 잡았을 때 왼쪽, 오른쪽, 위 또는 아래 중 어느 한 점에서 90° 의 각을 이루는 base이다. 길이가 점차적으로 길게 또는 짧게 cut하려 할 때 사용된다.

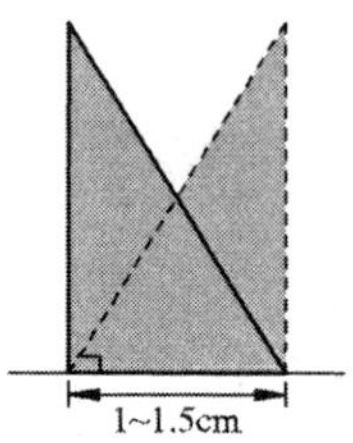

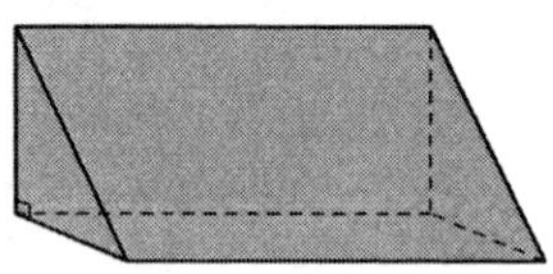
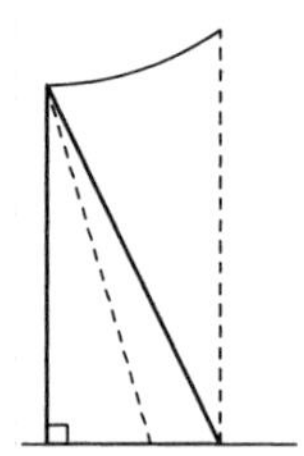

3) 스트랜드(strand) : Panel의 일부분을 작게 나누어 떠서 잡은 머리 다발
cf. 패널(panel) : 슬라이스 했을 때 생기는 직사각형의 일정한 모발의 양

(3) 오프 더 베이스(off the base)

한 스트랜드의 폭에서 양쪽 끝점 중 어느 한 점에서 90° 이상의 각을 이루는 베이스이다. Cut에서는 모발의 길이 차가 많이 남으로써 급격한 길이 변화를 원할 때 사용된다.

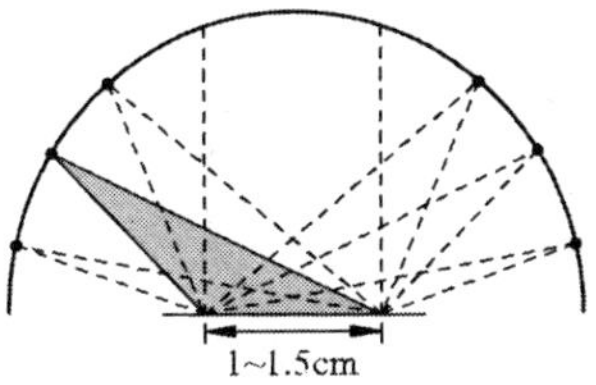

2) 분배

섹션에 따라 모발을 빗질하는 방향을 말한다.

(1) 자연 분배 (natural distribution)

특징		
- 모발이 중력에 의해 자연스럽게 떨어지는 방향으로 빗었을 때 - 중력과 모발 성장 패턴이 영향을 준다. * 적용 : 원랭스 커트 그래쥬에이션 커트	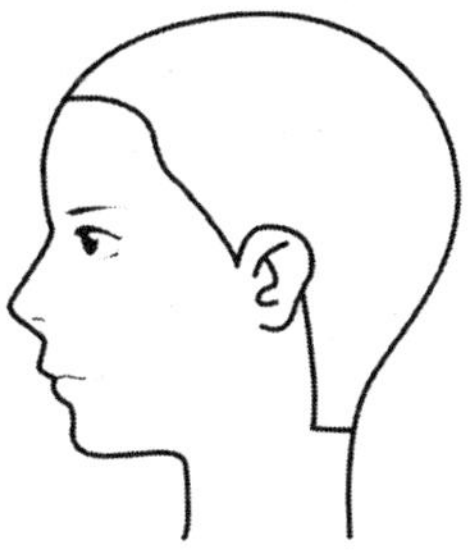	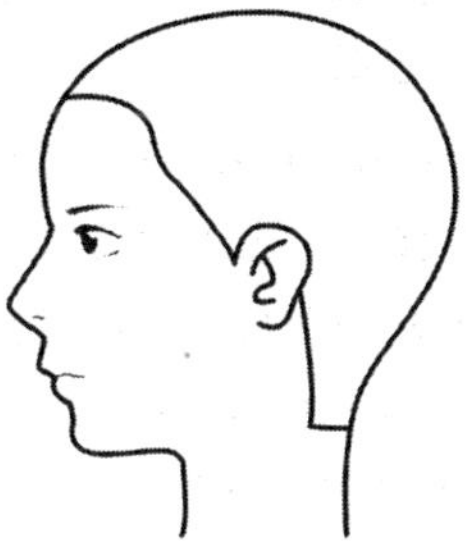

(2) 직각 분배(perpendicular distribution)

특징		
- 모발을 베이스 섹션에 대하여 90°로 빗었을 때 * 적용 : 그래쥬에이션 커트 레이어 커트	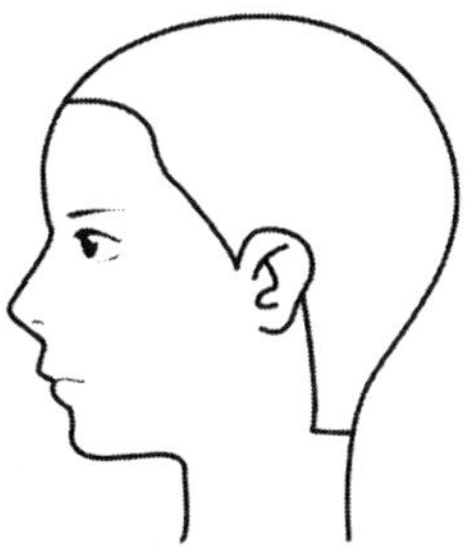	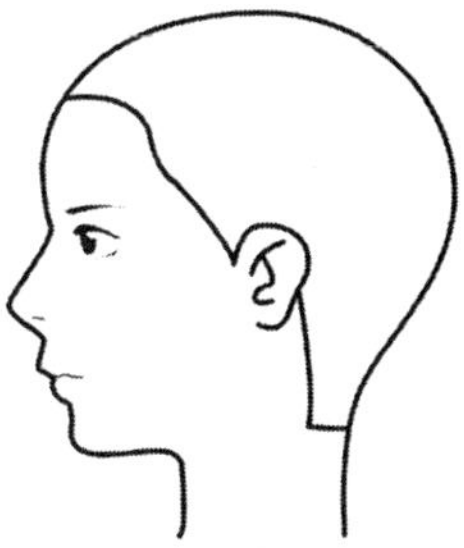

(3) 변이 분배(shifted distribution)

특징		
- 모발을 베이스 섹션에서 자연 분배나 직각 분배가 아닌 다른 방향으로 빗었을 때 * 적용 : 원랭스 커트를 제외한 대부분의 형에 사용		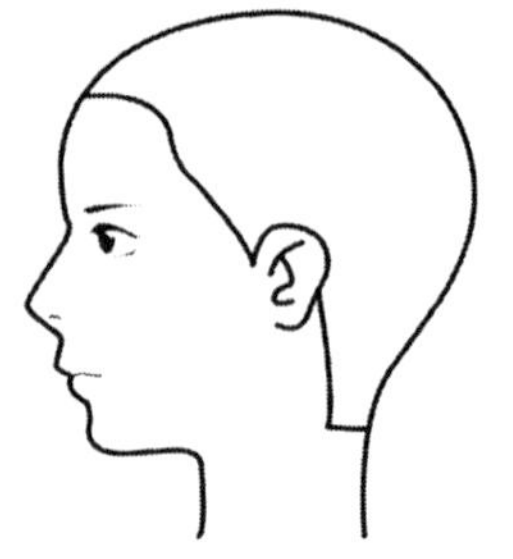

(4) 방향 분배(directional distribution)

특징		
- 디자인을 만들기 위해 베이스 섹션한 부분에서 다음으로 넘어갈 때 분배의 방향이 달라질 수 있다. - 모발이 수직, 수평, 대각으로 분배 될 수 있는데 두상의 곡면으로 인해 길이가 길어지는 결과를 가져오며 평평한 면을 커트할 때 주로 적용이 된다.(위, 뒤, 앞 등) * 적용 : 스퀘어 커트	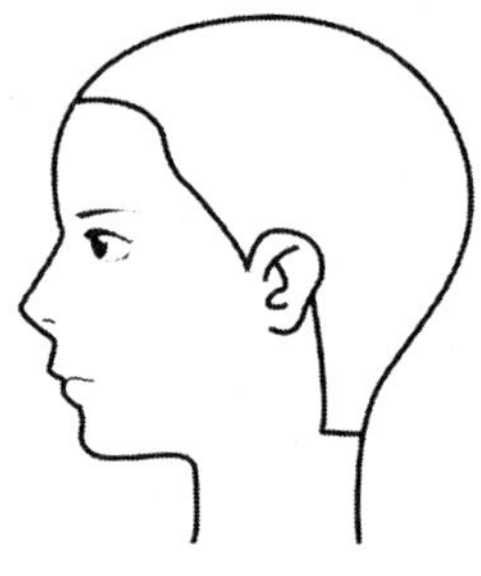	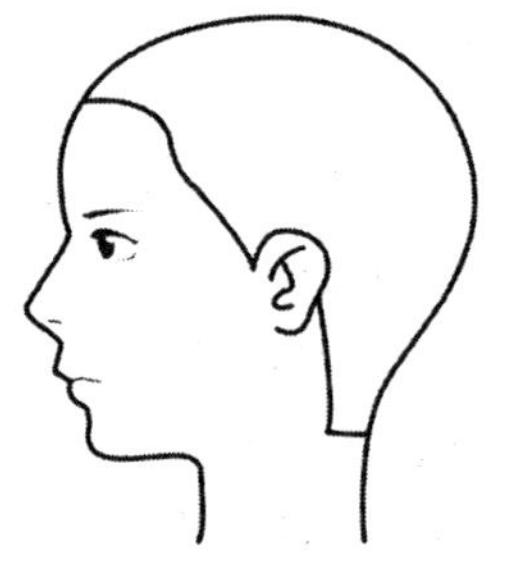

❺ 시술 각도(projection)

1) 자연 시술각(natural fall)

특징	
- 모발이 중력에 의해 아래로 향하는 상태를 중심으로 하는 각도 - 모발이 자연시술각 상태로 있다는 것은 네이프에서 들려지거나 두피에 붙지 않은 상태 - 빗질을 할 때에는 모발에 최소한의 텐션을 가해야 한다.	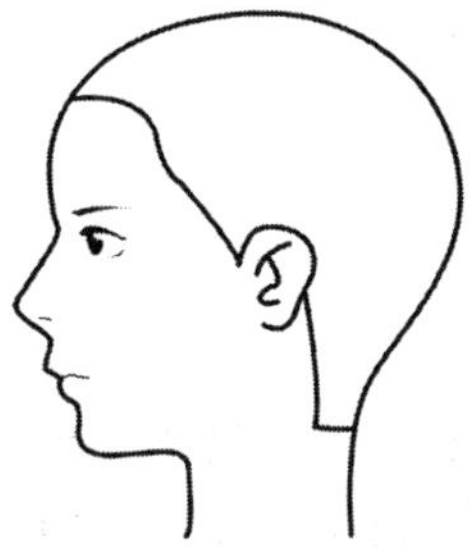

2) 일반 시술각(projection for uniformly layered form)

특징	
- 유니폼 레이어를 만들기 위해 사용되는 시술각은 두상의 곡면에서 90° 이다.	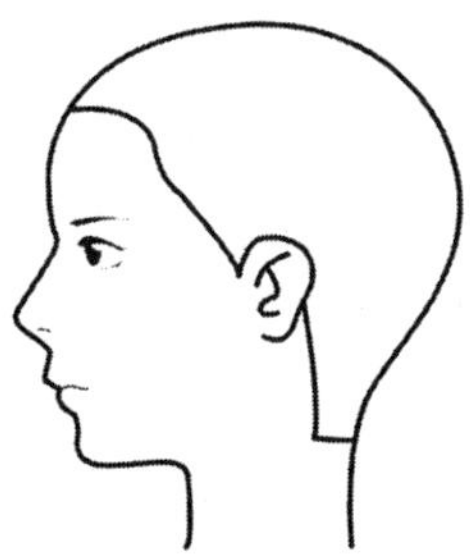

❻ 디자인 라인(design line)

디자인 라인은 커트를 하는 동안 사용되는 머리 모양 패턴이나 길이 가이드를 말한다.

1) 고정 디자인 라인(stationary design line)

특징	
– 고정된 가이드에서 멀어질수록 점진적으로 모발의 길이가 길어지기를 원할 때 사용한다.	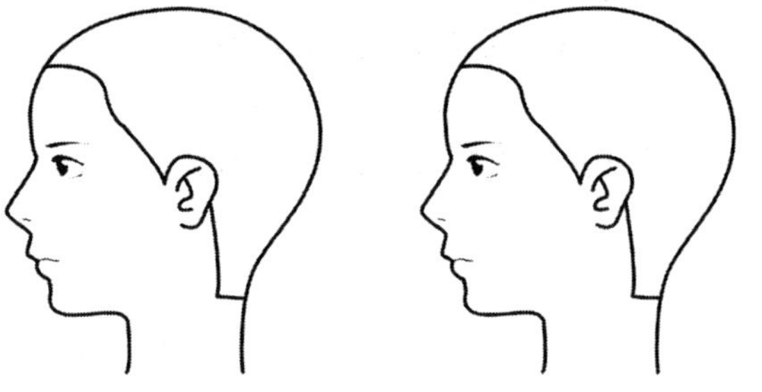

2) 이동 디자인 라인(mobile design line)

특징	
– 가이드를 움직여가면서 커트하는 방법이다.	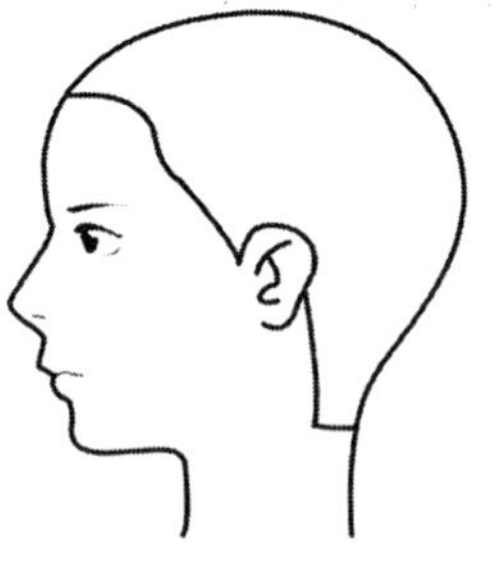

HAIR CUT disign

03

헤어커트 실제

Ⅰ. 헤어샴푸하기

Ⅱ. 커트 도구 연습하기

Ⅲ. 헤어커트 작업하기

Ⅴ. 헤어커트 마무리하기

❶ 헤어샴푸(hair shampoo)

1) 헤어샴푸의 목적

<table>
<tr><td rowspan="2">목적</td><td></td></tr>
<tr><td></td></tr>
</table>

2) 샴푸의 종류와 특징

<table>
<tr><td rowspan="4">웨트 샴푸</td><td rowspan="2">플레인 샴푸</td><td>소프 샴푸</td><td>물, 비누</td><td rowspan="2"></td></tr>
<tr><td>소프리스 샴푸</td><td>물, 샴푸제</td></tr>
<tr><td rowspan="2">스페셜 샴푸</td><td>핫오일 샴푸</td><td>올리브유, 동백기름, 아몬드유</td><td></td></tr>
<tr><td>에그 샴푸</td><td>계란 노른자</td><td></td></tr>
<tr><td rowspan="4">드라이 샴푸</td><td colspan="2">더스팅 파우더 드라이 샴푸</td><td>탄산마그네슘, 붕사, 산성 백토에 카우린</td><td></td></tr>
<tr><td colspan="2">에그화이트 드라이 샴푸</td><td>계란 흰자</td><td></td></tr>
<tr><td colspan="2">리퀴드 드라이 샴푸</td><td>휘발성 용제인 알콜 또는 벤젠</td><td></td></tr>
<tr><td colspan="2">토닉 샴푸</td><td>알코올 성분</td><td></td></tr>
</table>

3) 기타 샴푸의 종류

(1) 형상에 따른 종류

투명액상, 유액상, perlite(펄상), paste(페이스트상), cream(크림상), gel(겔상), powder(분말상), hard(고형상), airosol(에어졸상)

(2) 기능에 다른 종류

① 약용 타입 : 비듬 제거, tonic, 탈취, 산성
② 컨디셔닝 타입 : oil, protein

(3) 모질의 상태에 따른 종류

건성모발용	
지성모발용	
탈모 방지용	
비듬 제거용	
논스트리핑	
프로테인 샴푸	
산성 샴푸	

❷ 헤어린스(hair rinse)

두발을 헹구거나 씻어낸다는 의미로써 린스 제품을 미온수에 희석시켜 사용하거나 모발에 직접 도포하여 헹구어 내는 방법이 있다.
주로 모발의 pH와 비슷한 (pH)의 약산성을 사용한다.

1) 린스의 목적

① 두발에 남아있는 금속성 피막과 알칼리 성분을 제거한다.
② 수분과 유분을 주어 대전성을 방지한다.
③
④
⑤

2) 린스의 조건

① 모발을 부드럽고 탄력있게 하며 촉촉하게 할 수 있을 것
② 모발에 수분과 유성성분을 보충하여 광택을 줄 것
③
④
⑤
⑥

3) 린스의 성분

주원료 : 카티온활성제
원리 :

4) 린스의 종류

플레인	
산성 린스	
오일 린스	
크림 린스	
약용 린스	

❸ 샴푸의 실제

1) 샴푸 준비물

고객 가운, 타월, 샴푸 케이프, 브러시, 안면가리개, 샴푸제, 린스제

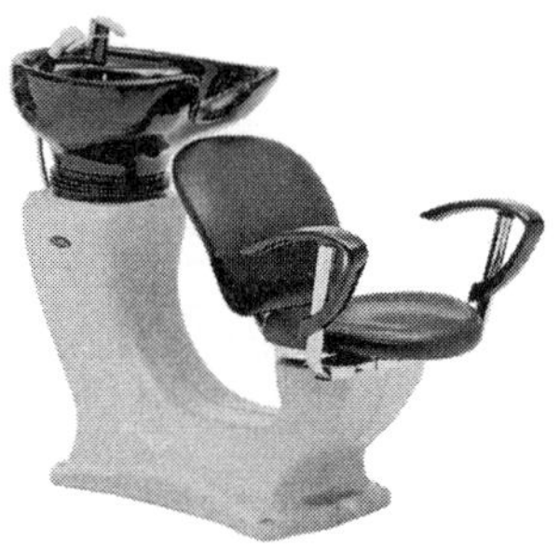		
좌식 샴푸도기	와식 샴푸도기	이동식 샴푸도기

2) 와식 샴푸

(1) 샴푸 시술 시 주의 사항

① 샴푸잉 시술 전 고객의 액세서리(귀걸이, 목걸이 등)는 따로 보관하도록 한다.
② 샴푸잉 시술 전 브러싱을 하도록 한다.
③ 물의 온도는 38℃ 전후가 적당하고 샤워기 사용 시 손목 안쪽에 대고 물의 온도를 측정한 후 시술한다.
④ 시술 시 손톱을 세워 두피에 자극을 주지 말아야 하며 손가락 끝으로 마사지하듯 시술한다.
⑤

(2) 시술순서

① 고객을 편안하게 시술 의자에 앉힌다.
② 시술자는 손을 청결하게 한 후 고객에게 샴푸 케이프를 두른다.
③ 샴푸 의자의 높이를 맞추도록 한다.

④

⑤

⑥

⑦

⑧

3) 좌식 샴푸

(1) 샴푸 시술 시 주의 사항

① 샴푸잉 시술 전 고객의 액세서리(귀걸이, 목걸이 등)는 따로 보관하도록 한다.
②
③
④

⑤

⑥

⑦

(2) 시술순서

Ⅱ. 커트 도구 연습하기

❶ 기초 자세 연습

1) 작업 자세 훈련

<table>
<tr><td>바른 작업자세의 효과</td><td colspan="2"></td></tr>
<tr><td>선 자세</td><td colspan="2"></td></tr>
<tr><td>작업자세 높이</td><td colspan="2"></td></tr>
<tr><td>바른 커트 자세</td><td>사진</td><td>사진</td></tr>
</table>

2) 블로킹 연습

3) 섹션 나누기 연습

❷ 가위 동작 연습하기

1) 가위 잡는 방법

(1) 상부 기법

사진	사진

(2) 하부 기법

사진	사진

2) 가위 동작 연습

(1) 세로 테크닉	(2) 가로 테크닉
사진	사진

선내기

교사의 지시를 따라 선내기 작업을 연습한다.
이 연습 테크닉은 미용인으로 성장하기 위해 지속적으로 꾸준히, 정확한 동작을 연습해야 한다.

■ 가위 동작 따라하기

- 커트 시술 전 모발에 물을 충분히 적신다.
-
-
-
-
-

3) 가위를 이용한 질감처리 기법

(1) 틴닝(thinning)

모발 길이에는 영향을 주지 않으면서 모발의 수량을 감소시키는 방법이다. 또한 자연스러운 커트라인을 형성하기 위해 남성커트 시에 많이 사용한다.

틴닝가위 테크닉(수평)	틴닝가위 테크닉(사선)	틴닝가위 테크닉(세로)

(2) 싱글링(shingling : scissors over comb)

모발이 짧게 난 부분에 빗을 대고 가위의 빠른 개폐동작을 통해 모발을 올려 치는 방법으로, 주로 남성커트의 네이프 부위에 많이 적용하는 테크닉이다.

(3) 슬리더링(slithering)

시저스를 이용한 모량을 감소시키는 틴닝이다.

(4) 블런트 커트(blunt cut = club cut)

① 직선 자르기
② 모발 단면이 뭉툭한(blunt) 느낌을 연출
③ 단정한 느낌
④ 딱딱하고 무거운 느낌
⑤ 클럽 커트(club cut)라고도 한다.
⑥ 길이(length)는 제거 되지만 부피는 그대로 유지
⑦ 무게감은 모발 끝에 그대로 남아있는 것이 특징
⑧ 가장 일반적인 커팅 기법

기법 사진	모발 단면 사진

(5) 스트로크 커트(stroke cut)

시저스에 의한 테이퍼링으로 가위가 들어가는 각도와 방향, 손의 움직임에 따라 구분된다.

롱 스트로크 커트	모발에 대한 가위의 각도가 45~90˚로 딥 테이퍼링과 비슷하며 두발의 움직임이 가볍고 자연스럽다.
미디움 스트로크 커트	모발에 대한 가위의 각도가 10~45˚로 노멀 테이퍼링과 비슷하다.
쇼트 스트로크 커트	모발에 대한 가위의 각도가 0~10˚로 엔드 테이퍼링과 비슷하다.

(6) 나칭(notching) 기법

① 포인팅 커트와 비슷하다.
② 자른선이 일정하게 나타나며 빗으로 빗으면 가벼움을 연출할 수 있는 방법이다.
③ 모발 끝에 뭉툭한 느낌을 없애주나 약간 투박한 느낌이다.
④ 모발의 잘린 단면이 45도 정도의 각도를 유지하면서 지그재그의 작은 폭이 생긴다.
⑤ 웨이브 모발에 효과적인 운동감을 연출할 수 있다.

기법 사진	모발 단면 사진

(7) 테이퍼링(tapering = feathering) 커트

① 모발 끝을 깃털(feather)처럼 가늘게 커트하는 기법으로, 숱을 감소시키면서 길이도 자를 수 있는 방법이다.
② 가벼운 느낌이 연출되고 자연스러우며, 모발에 보다 쉽게 컬이 생기도록 보완해준다.
③ 테이퍼 상태에 따라 다음과 같이 나뉜다.

엔드 테이퍼(end taper)	노말 테이퍼(normal taper)	딥 테이퍼(deep taper)

테이퍼링 커트와 블런트 커트의 비교 :

㉠ 시저스에 의한 테이퍼링

ⓐ 적당하게 스트랜드를 구분하여 빗으로 빗는다.

ⓑ 인지와 중지에 사이에 스트랜드 끝을 끼우고 엄지와 인지로 강하게 눌러 잡는다.

ⓒ 시저스를 열어 두발 끝에서 모근 쪽을 향해 차츰 시저스를 닫도록 하면서 쳐낸다.

ⓓ 두발의 양에 따라 1~2회 정도 반복한다.

㉡ 레이저에 의한 테이퍼링

ⓐ 인지, 중지를 어깨에 걸고 약지를 링에 끼우고 소지로 고정시켜 안정시킨다.

ⓑ 모근에서 2.5~5cm 떨어진 부분에 날과 스트랜드의 각도를 예각(10~45°)이 되게 레이저를 위치한다.

ⓒ 레이저 날이 두발에 평평하게 닿을수록 두발은 적게 잘리며 각을 크게 줄수록 두발의 양은 많아진다.

ⓓ 스트랜드 근원인 모근에서 두발 끝을 향해 각을 작게 하여 조금씩 쳐낸다.

(8) 포인팅 커트(pointing cut)

① 모발 끝 부분에 자연스러움을 주기 위해 가위 끝으로 톱니모양으로 불규칙하게 잘라 가볍게 질감처리 하는 방법

② 가위의 끝을 이용하여 원하는 모발의 무게감을 조절하는 기법

③ 섬세하고 불규칙한 길이(length)를 만들어내는 기법으로, 나칭(notching) 보다 더 섬세한 효과를 낼 수 있다.

(9) 클리핑(clipping)

① 클리퍼나 시저스로 튀어나온 두발을 자르는 커트 방법이다.

② 모발 끝이 손상되어 끝부분만 커팅하기 위하여 모발 다발을 꼬아 삐져나온 부분만을 커트하는 방법으로 커트 후 뭉툭한 느낌이 거의 없으며 필요 없는 부분을 제거하고자 할 때 사용하는 테크닉이다.

(10) 트리밍(trimming)

out-line을 검토하여 다듬어서 보정하는 방법을 말한다.
이미 형태가 이루어진 커트선을 최종적으로 정리·정돈하기 위하여 손상모나 불필요한 모발 끝을 제거하는 커트 방법이다.

(11) 슬라이딩(sliding)

① 가위를 약간 벌린 상태로 모발에 대고 미끄러지듯이 내려오면서 커트하는 테크닉
② 긴 모발과 짧은 모발의 연결에 사용
③ 모근 부분에서 모발 끝으로 가위를 미끄러뜨려 가면서 모량을 감소시키는 기법

4) 손질 및 보관 연습

❸ 빗 동작 연습하기

1) 빗 잡는 방법

2) 빗 사용 방법

❹ 틴닝가위 연습하기

1) 기본 동작

2) 프리핸드 동작

5 레이저 연습하기

1) 레이저 아킹(razor arcing)

- 호를 그리는 동작으로 머리 길이를 제거하는 레이저 커팅 기법
- 날을 모발의 밑에 두어 모발 아래쪽에 경사를 만들어준다.

2) 레이저 에칭(razor etching)

- 무게를 줄이거나 길이를 제거하기 위해 모발의 표면에서 시술하는 기법

3) 측면 사선 기법

-모발 끝의 자연스러운 라인을 만들기 위해

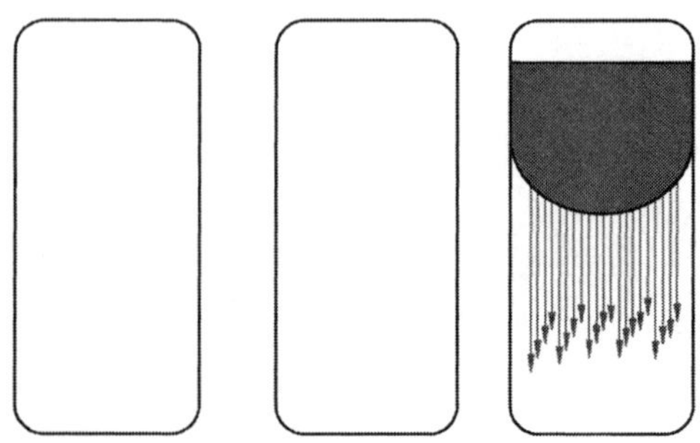

❻ 클리퍼 연습하기

1) 기본 동작

2) 프리핸드 동작

3) 손질 및 보관 연습

Ⅲ. 헤어커트 작업하기

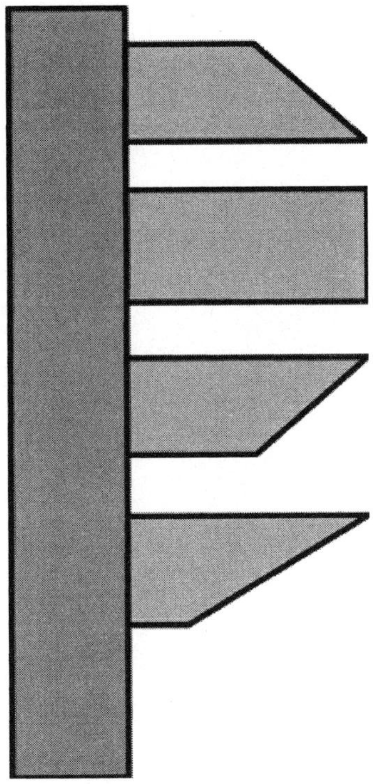

<table>
<tr><td rowspan="4">원랭스 커트</td><td>평행보브 커트</td><td></td></tr>
<tr><td>이사도라 커트</td><td></td></tr>
<tr><td>스파니엘 커트</td><td></td></tr>
<tr><td>머쉬룸 커트</td><td></td></tr>
<tr><td colspan="2">그래쥬에이션 커트</td><td></td></tr>
<tr><td rowspan="2">레이어 커트</td><td>유니폼 레이어 커트</td><td></td></tr>
<tr><td>인크리스 레이어 커트</td><td></td></tr>
<tr><td>콤비네이션 커트</td><td>스퀘어 커트</td><td></td></tr>
</table>

❶ 원랭스 커트(One length Cut : 솔리드형)

특징	
종류	
구조도	
모양	

1) 수평형(일자자 형) : 평행 보브(Parallel Bob, 페러렐 보브)

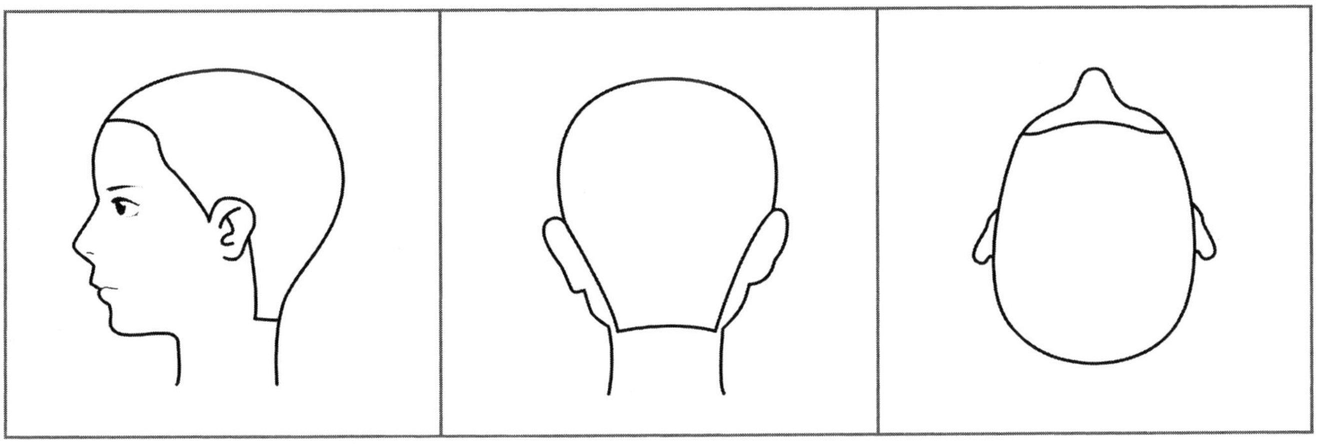

(블로킹)

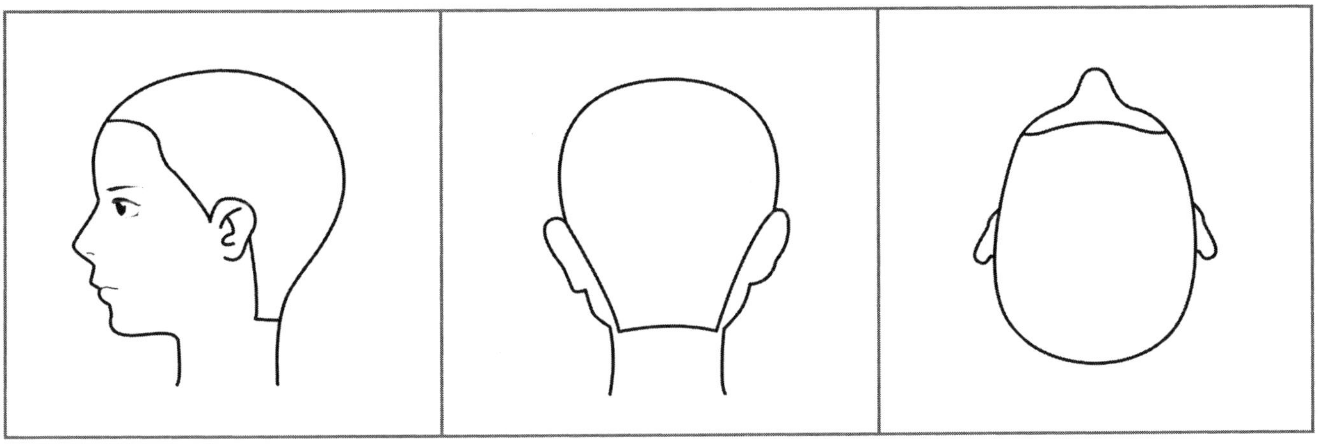

(섹셔닝)

(완성사진)

커트의 절차		
1	블로킹(blocking)	
2	머리 위치 (head position)	
3	섹션 (parting / section)	
4	베이스 / 분배 (base / distribution)	
5	시술 각도 (projection)	
6	질감 처리	

2) 앞올림형(V-line 형태)

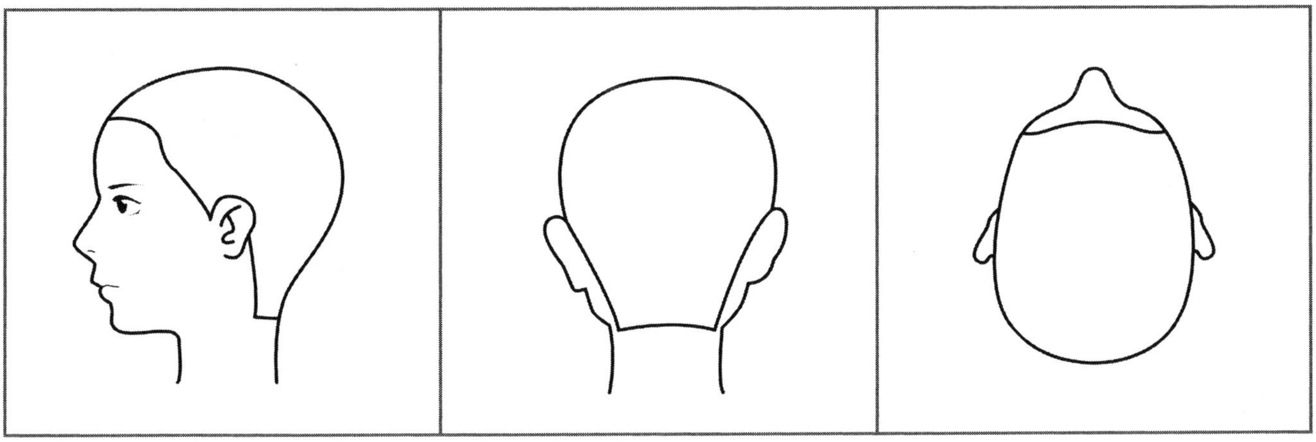

(블로킹)

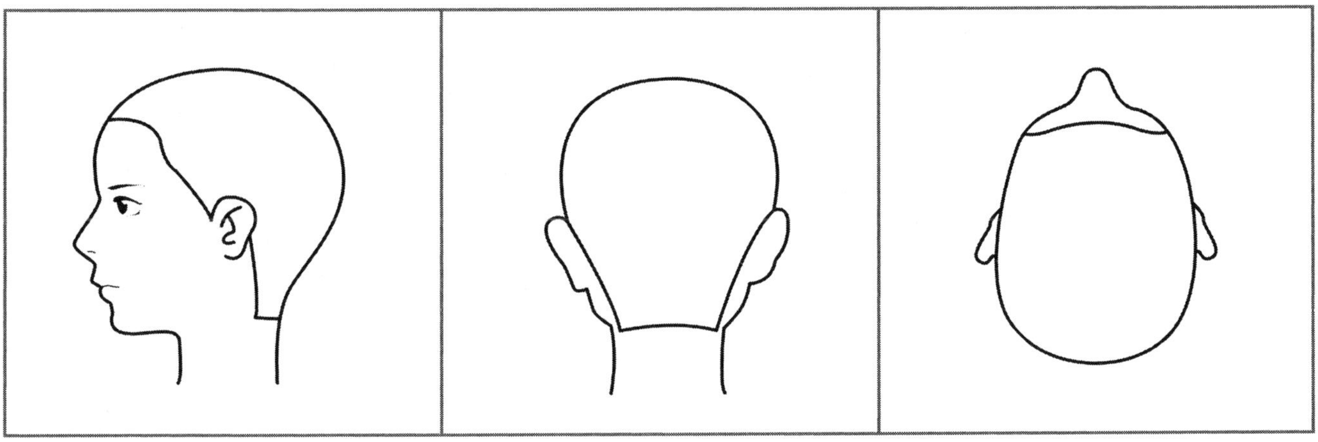

(섹셔닝)

(완성사진)

커트의 절차		
1	블로킹(blocking)	
2	머리 위치 (head position)	
3	섹션 (parting / section)	
4	베이스 / 분배 (base / distribution)	
5	시술 각도 (projection)	
6	질감 처리	

3) 앞내림형(A-line형)

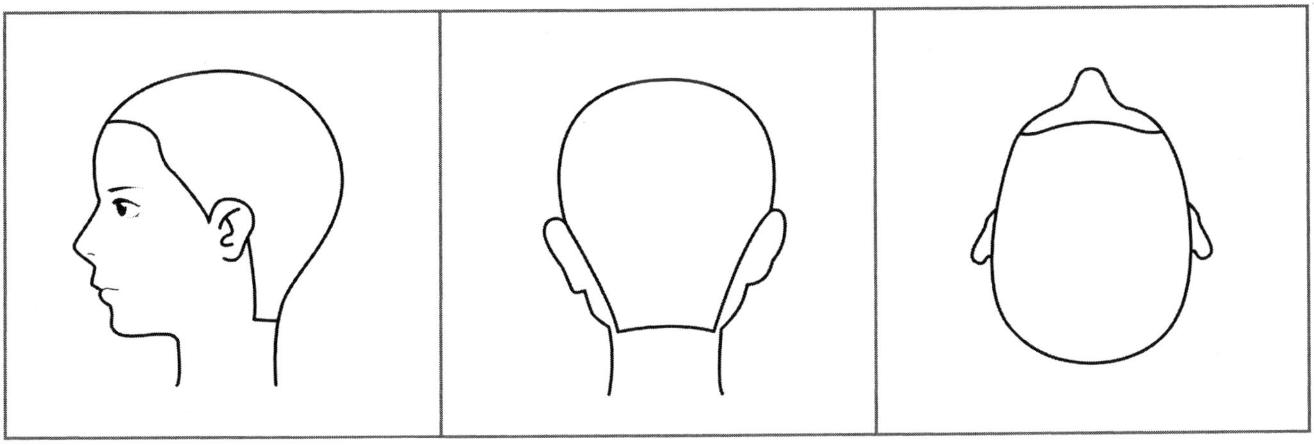

(블로킹)

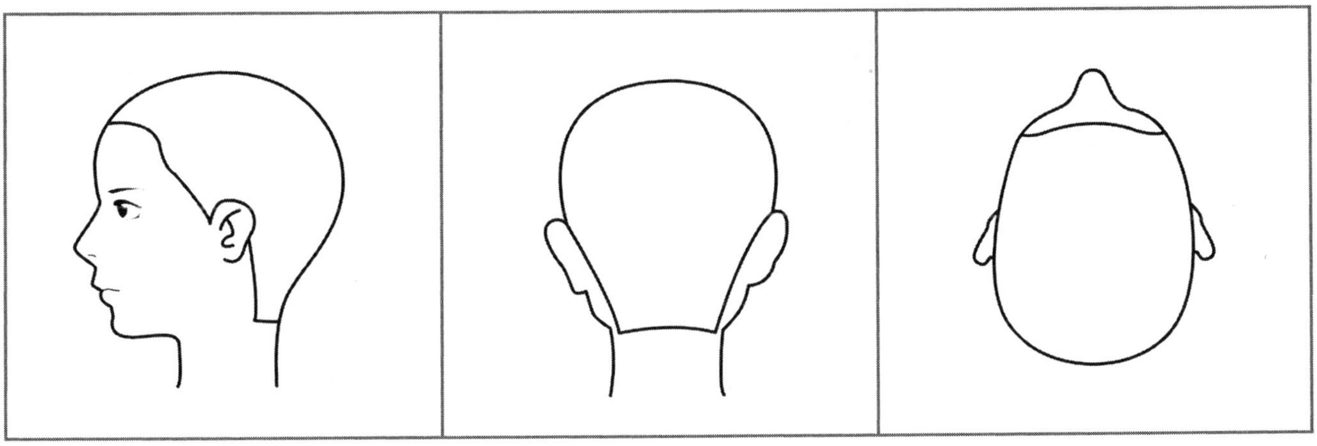

(섹셔닝)

(완성사진)

커트의 절차		
1	블로킹(blocking)	
2	머리 위치 (head position)	
3	섹션 (parting / section)	
4	베이스 / 분배 (base / distribution)	
5	시술 각도 (projection)	
6	질감 처리	

4) 머쉬룸형(Mushroom cut)

이 커트의 특징은 버섯 모양의 커트로서 머리를 둥글게 단차 없는 상태로 자른 커트이다.

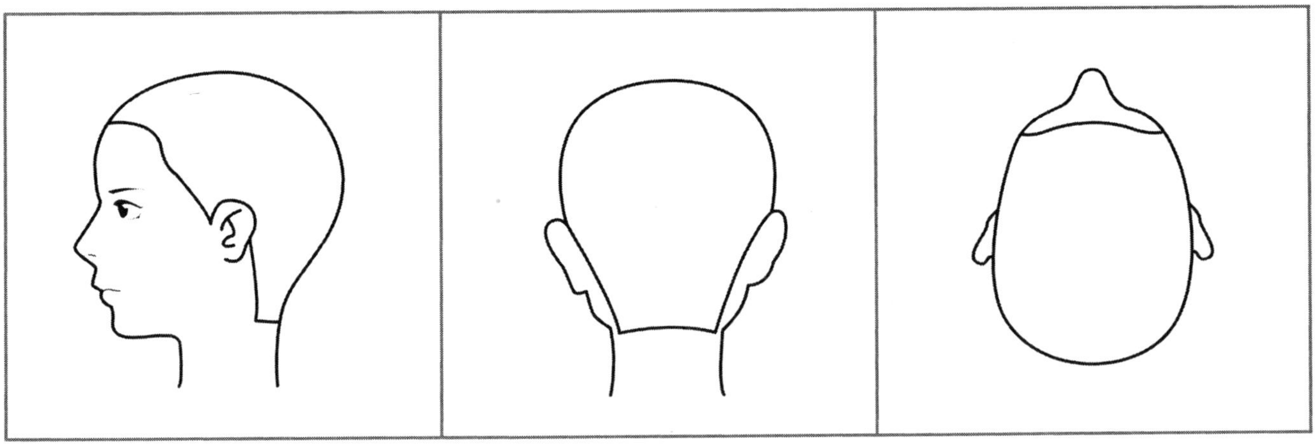

(블로킹)

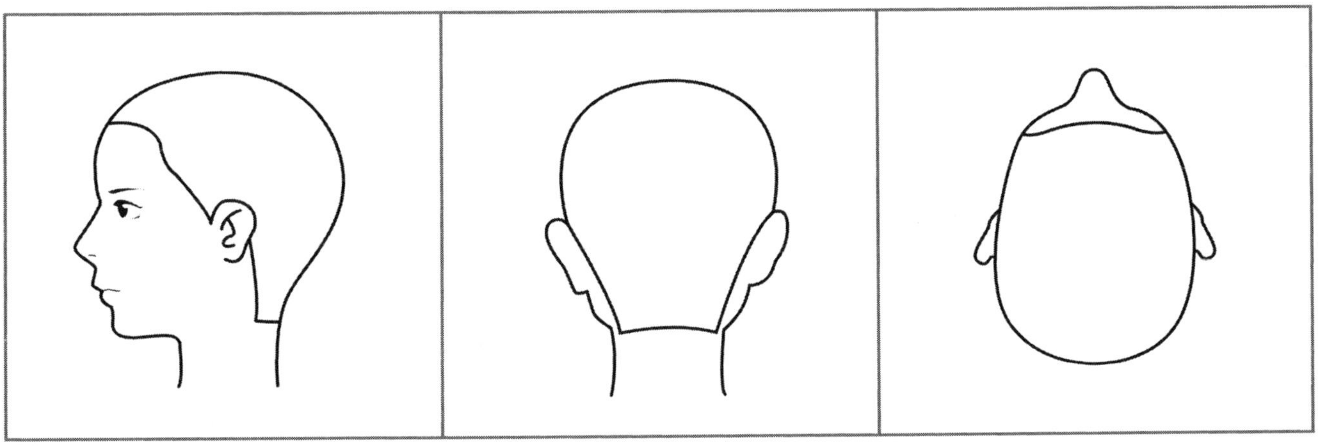

(섹셔닝)

(완성사진)

커트의 절차		
1	블로킹(blocking)	
2	머리 위치 (head position)	
3	섹션 (parting / section)	
4	베이스 / 분배 (base / distribution)	
5	시술 각도 (projection)	
6	질감 처리	

❷ 그래쥬에이션 커트(Graduation form)

특징	
종류	
구조도	
모양	

1) Forward Graduation

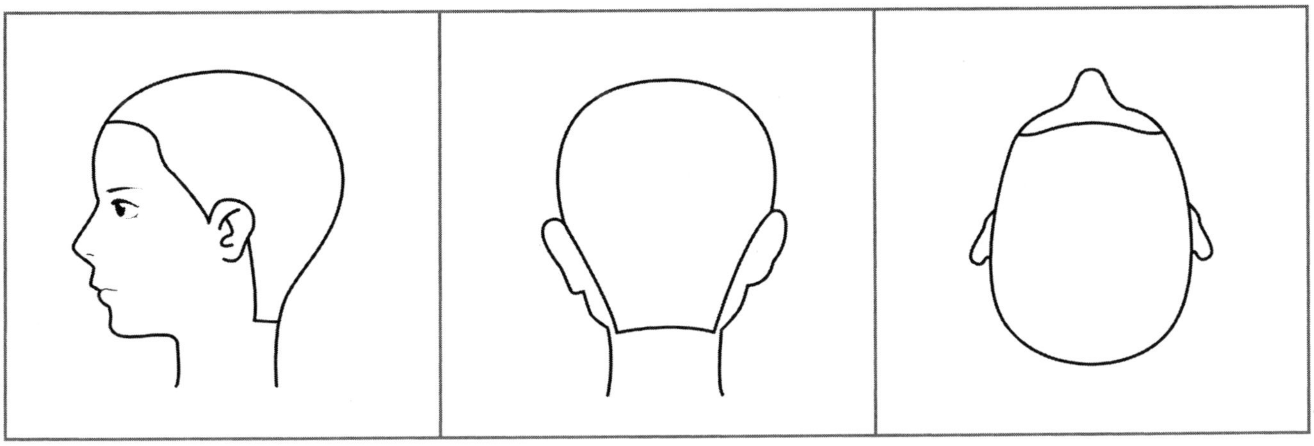

(블로킹)

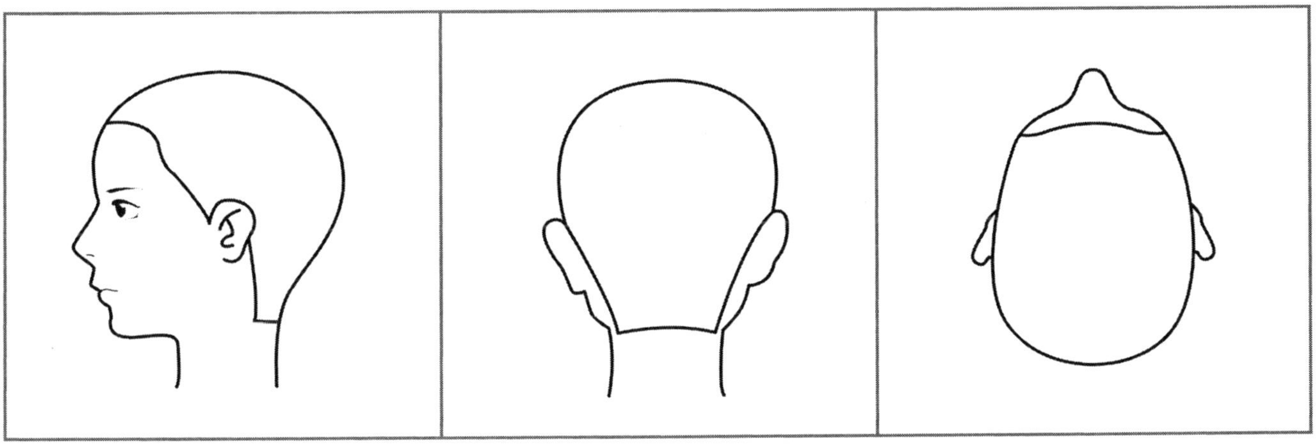

(섹셔닝)

(완성사진)

커트의 절차		
1	블로킹(blocking)	
2	머리 위치 (head position)	
3	섹션 (parting / section)	
4	베이스 / 분배 (base / distribution)	
5	시술 각도 (projection)	
6	질감 처리	

Forward Graduation		
시술과정	작업 사진	내용 및 주의사항
1단계 빗질	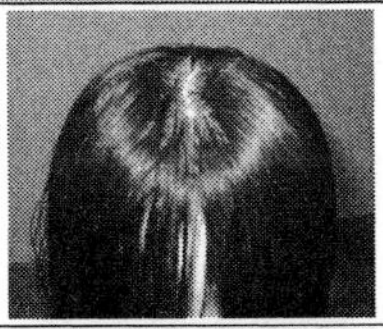	- 가마를 중심으로 자연스럽게 중력 방향으로 빗질하기
2단계 Blocking	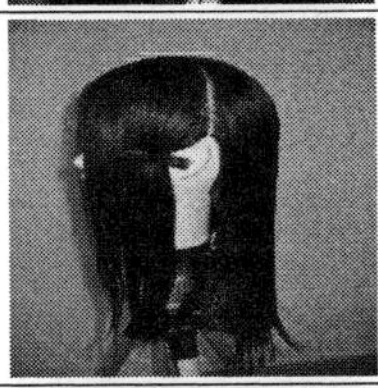	- 컷트 작업을 쉽고 정확하게 하기 위해 구획 나누기 - Block Cut으로 빠른 작업으로 out-line 만들기 - 좌우 balance check하기
3단계 C.P 길이정하기		- C.P(Center Point)의 모발을 당김(tension)없이 빗질하여 적절한 길이를 정한다. (일반적으로 턱선)
4단계 C.P와 S.C.P 연결하기	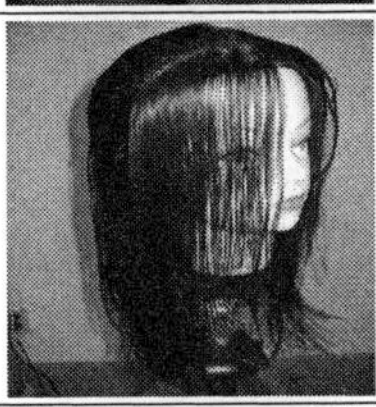	- 3단계에서 결정된 C.P와 S.C.P 연결하여 C-curve shape을 만든다. - 귀 윗부분이 짧게 되지 않도록 주의한다.
5단계 Side cut	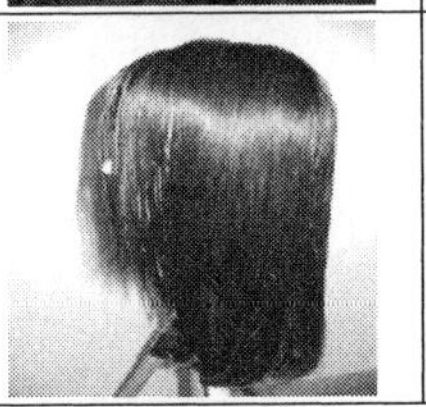	- 계속해서 뒤로 vertical section으로 cut될 게 없을 때까지 진행한다. - 한쪽측면을 마무리했으면, 반대쪽 측면도 마무리한다.
6단계 전체 cut 후 blow dry	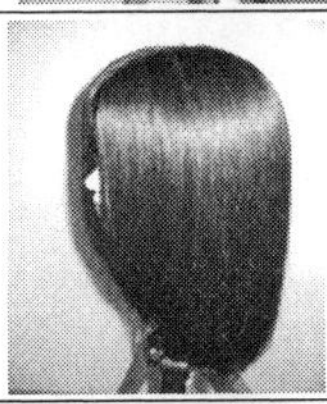 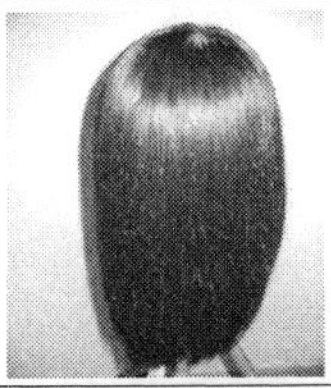 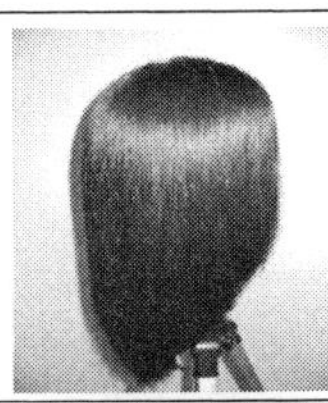	- 물기만 제거한다. (cushion brush 사용)
7단계 Iron Straightening	  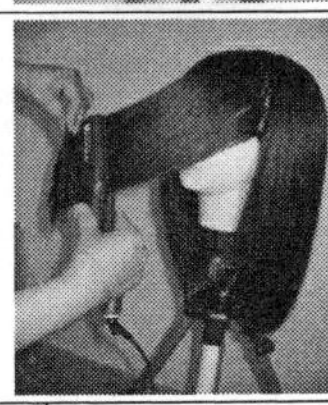	- 질감 처리를 위해 wave 없이 straightening한다.
8단계 Texturizing	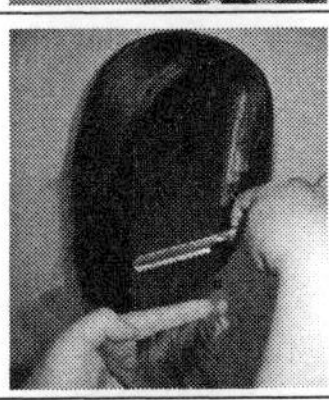 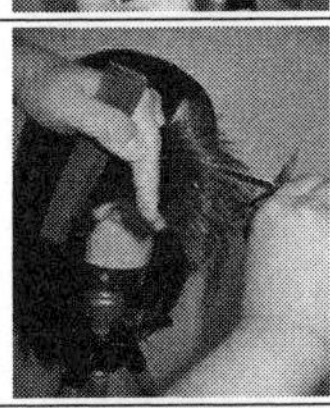	- 감성적으로 질감처리한다. (pointing, tapering 기법)
9단계 완성	 	- parting에 변화를 주어 감성적으로 디자인한다.

2) A-line Graduation

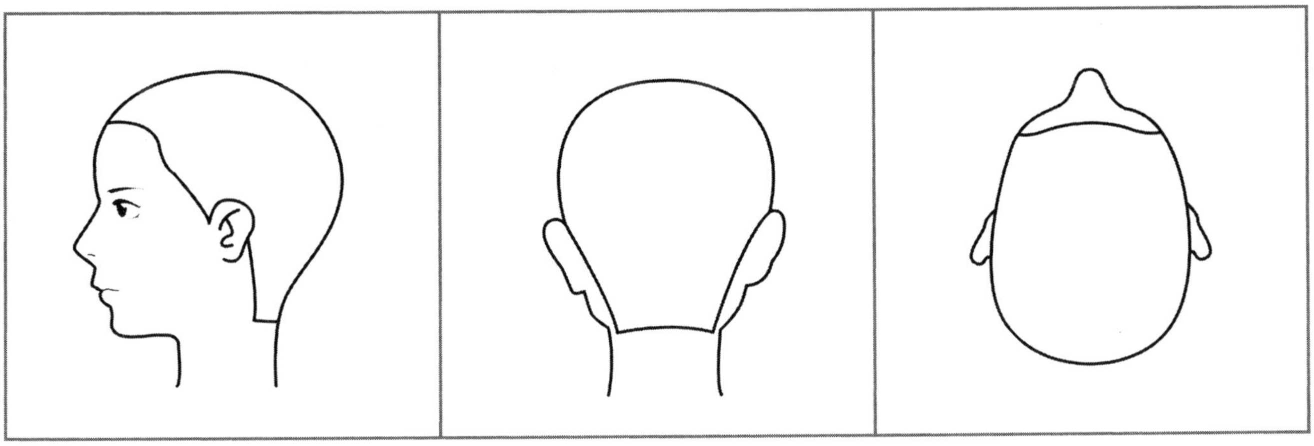

(블로킹)

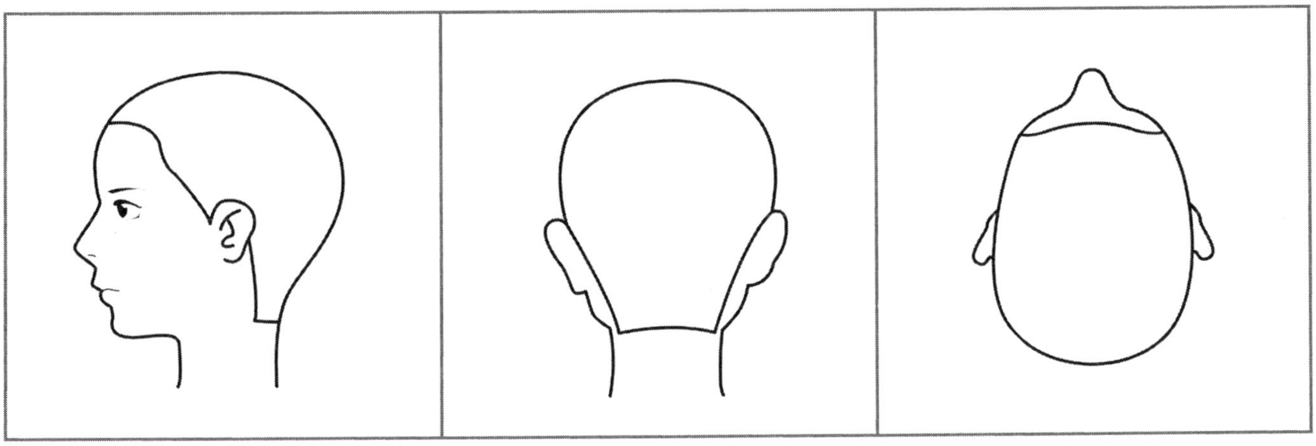

(섹셔닝)

(완성사진)

커트의 절차		
1	블로킹(blocking)	
2	머리 위치 (head position)	
3	섹션 (parting / section)	
4	베이스 / 분배 (base / distribution)	
5	시술 각도 (projection)	
6	질감 처리	

❸ 레이어 커트(layer cut)

특징	
종류	
구조도	
모양	

1) 유니폼 레이어 커트(uniform layer form)

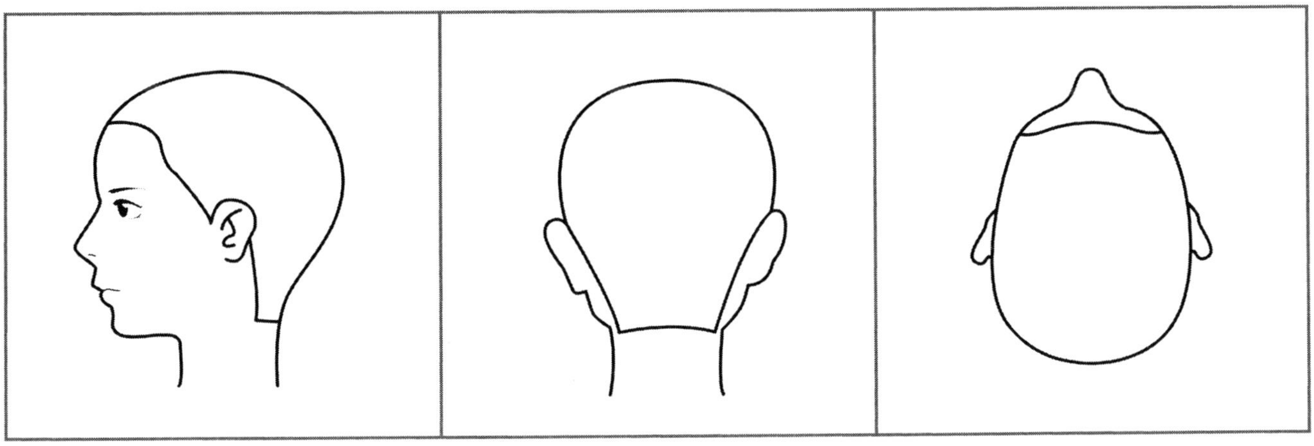

(블로킹)

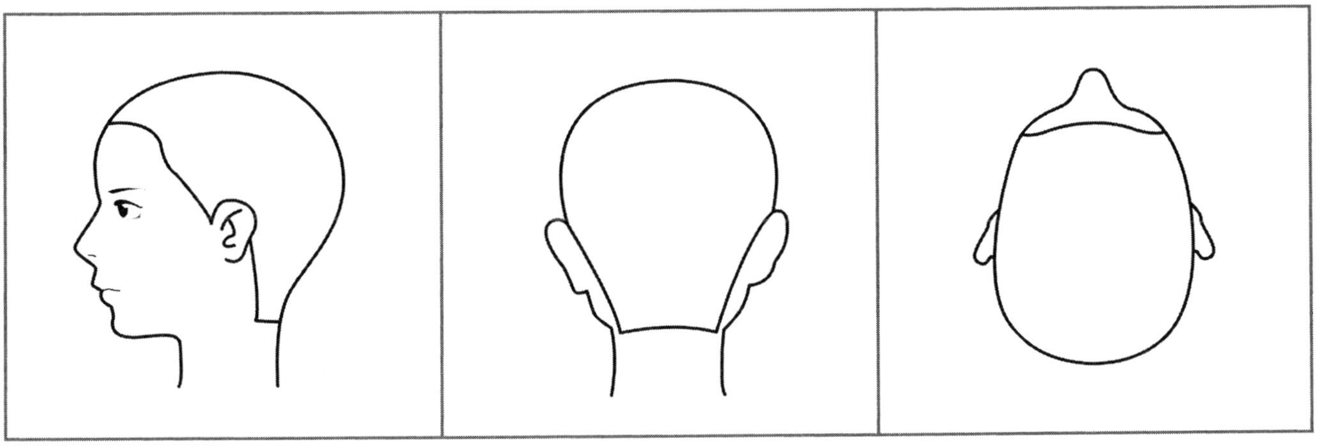

(섹셔닝)

(완성사진)

커트의 절차		
1	블로킹(blocking)	
2	머리 위치 (head position)	
3	섹션 (parting / section)	
4	베이스 / 분배 (base / distribution)	
5	시술 각도 (projection)	
6	질감 처리	

2) 인크리스 레이어 커트(increase layer form)

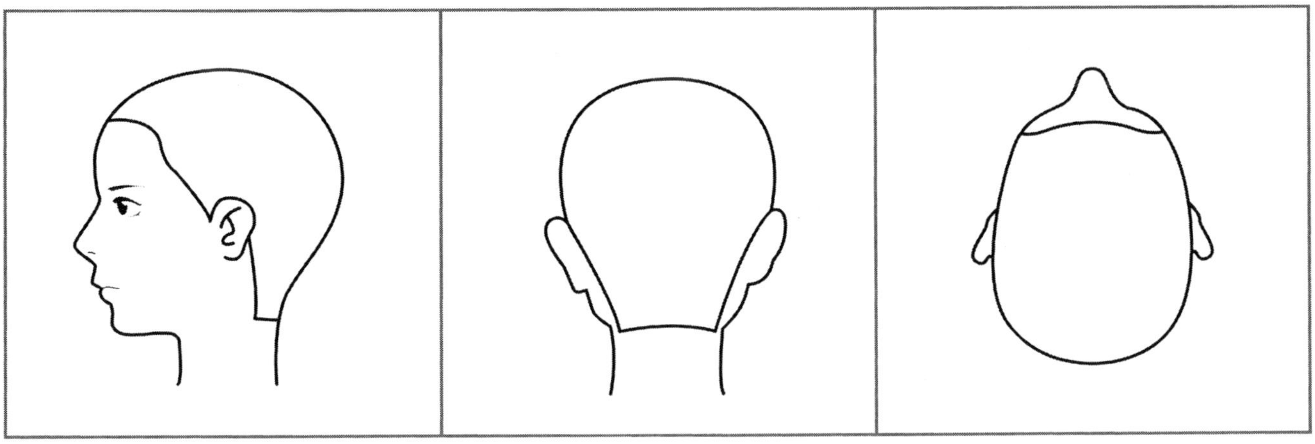

(블로킹)

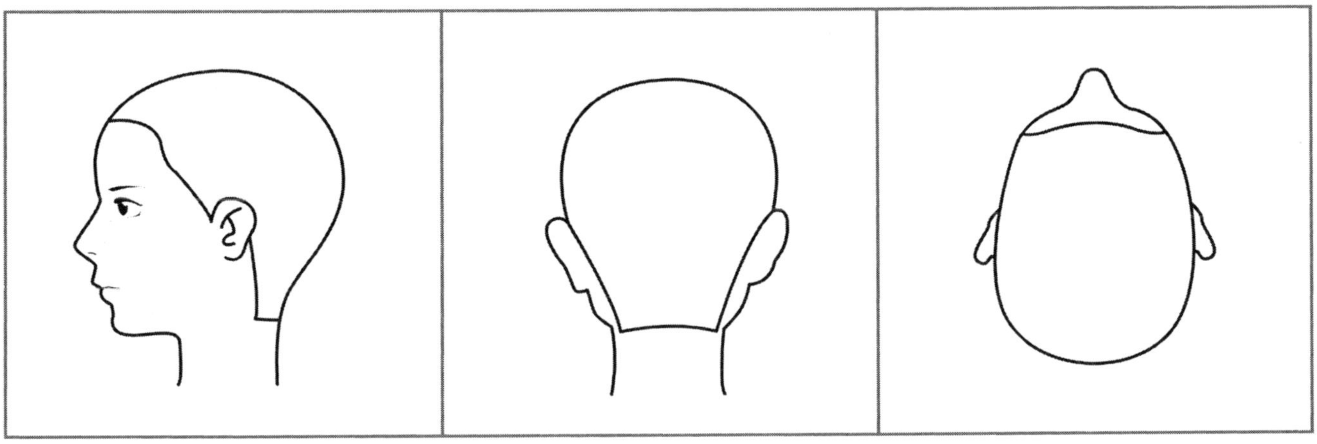

(섹셔닝)

(완성사진)

커트의 절차		
1	블로킹(blocking)	
2	머리 위치 (head position)	
3	섹션 (parting / section)	
4	베이스 / 분배 (base / distribution)	
5	시술 각도 (projection)	
6	질감 처리	

❹ 콤비네이션 커트

특징	
종류	
구조도	
모양	

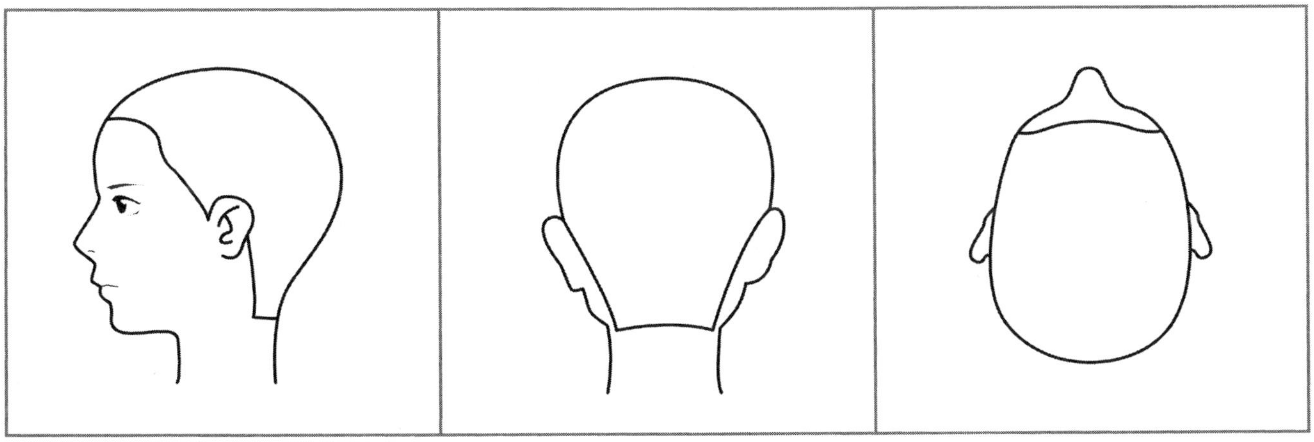

(블로킹)

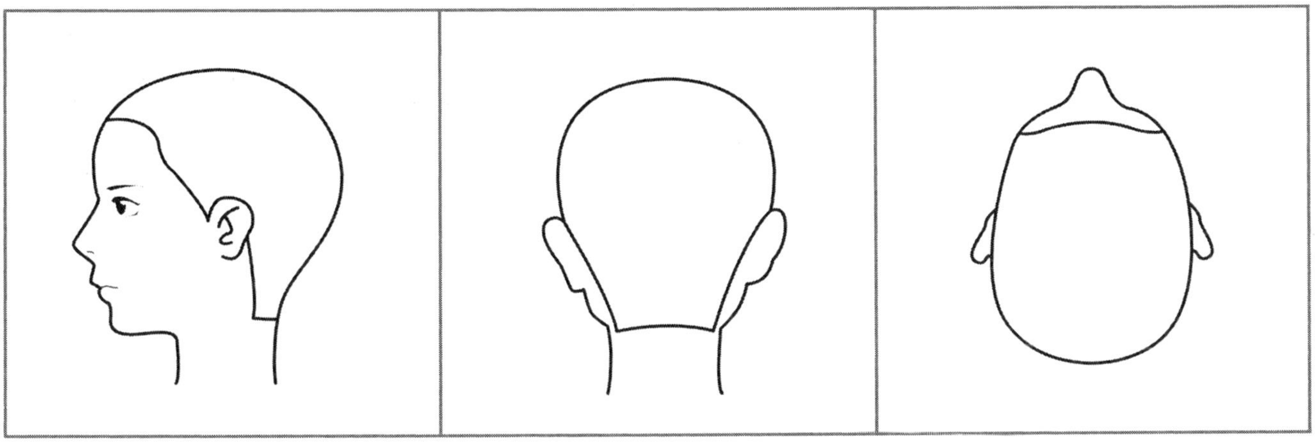

(섹셔닝)

(완성사진)

커트의 절차		
1	블로킹(blocking)	
2	머리 위치 (head position)	
3	섹션 (parting / section)	
4	베이스 / 분배 (base / distribution)	
5	시술 각도 (projection)	
6	질감 처리	

❺ 쇼트 커트

특징	
종류	
구조도	
모양	

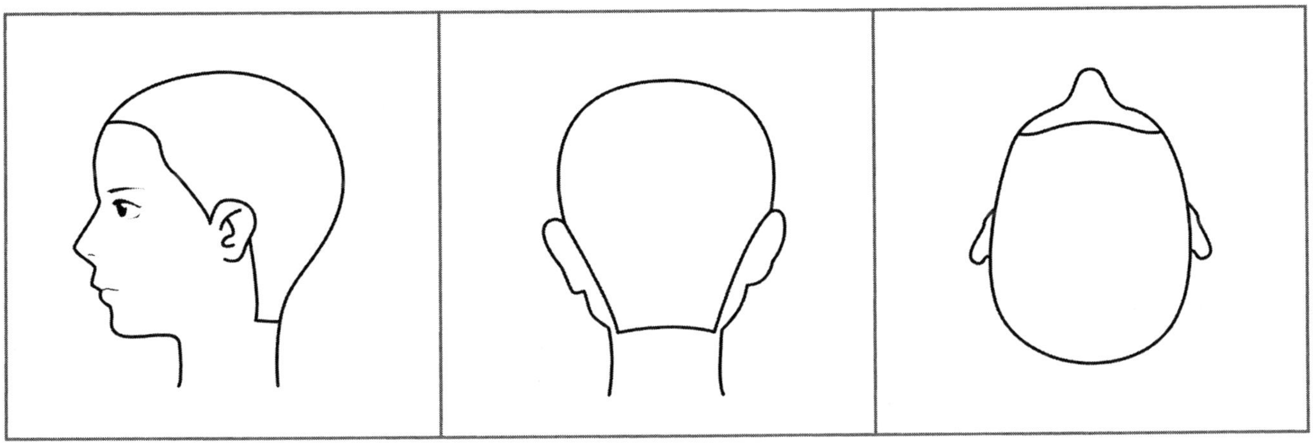

(블로킹)

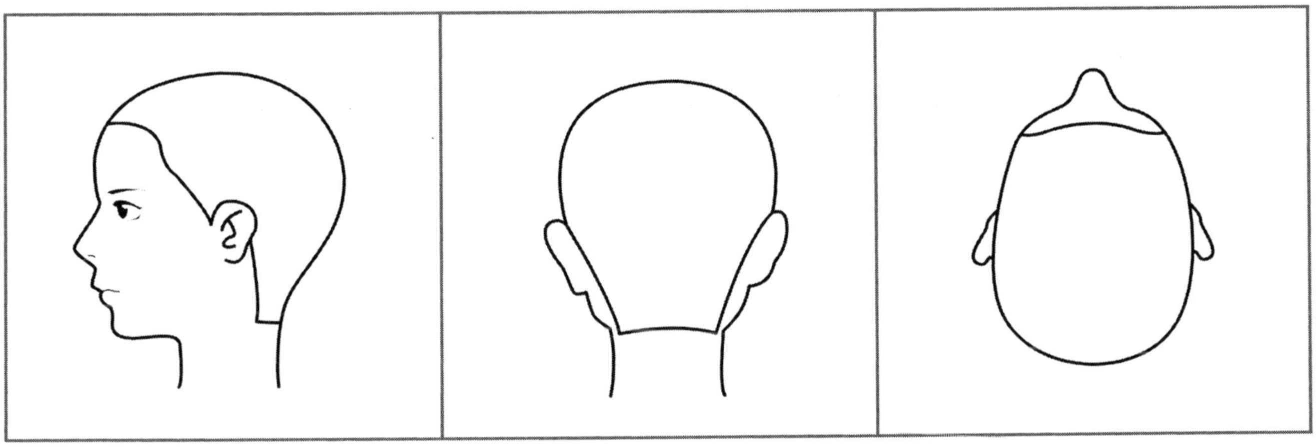

(섹셔닝)

(완성사진)

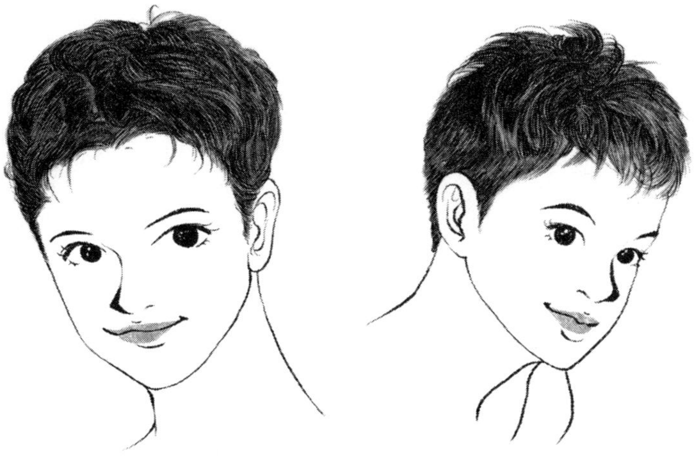

커트의 절차		
1	블로킹(blocking)	
2	머리 위치 (head position)	
3	섹션 (parting / section)	
4	베이스 / 분배 (base / distribution)	
5	시술 각도 (projection)	
6	질감 처리	

❻ 도해도 작성 및 분석

	결과	기초적 형태별 특징
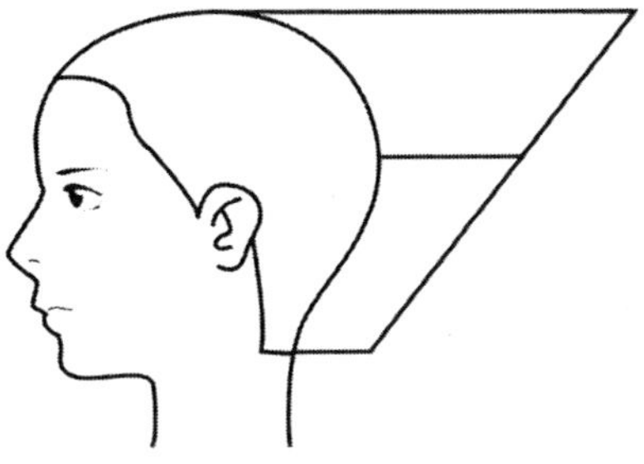	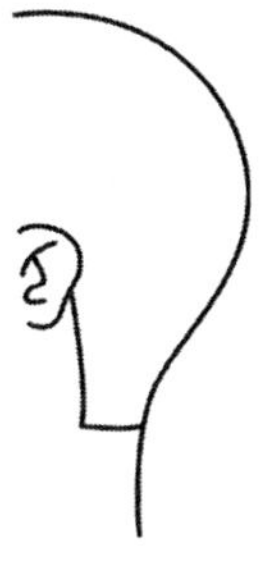	**원랭스 형**
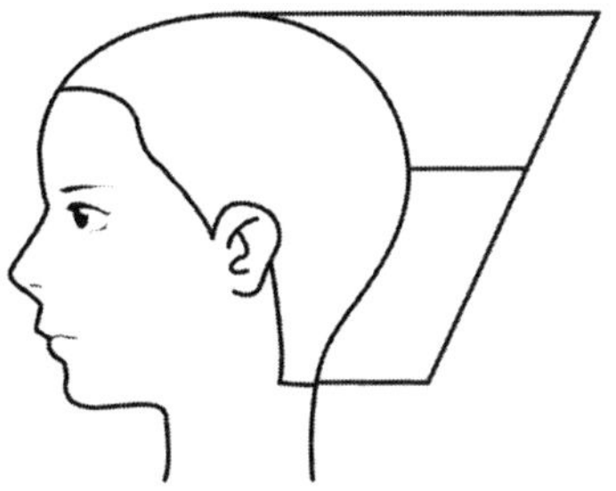	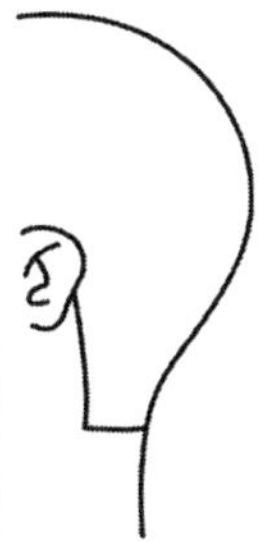	**그래쥬에이션 형**
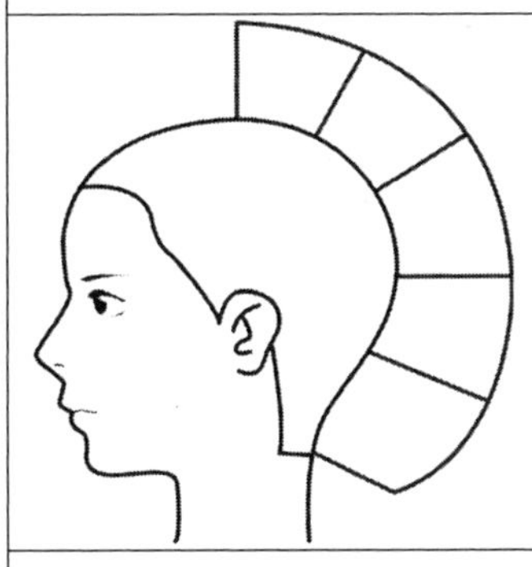	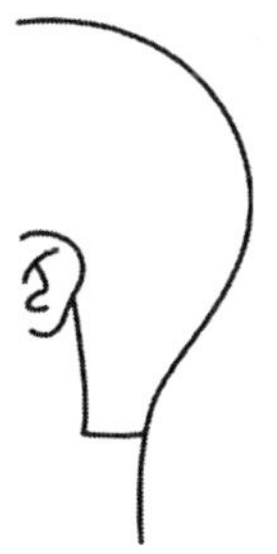	**유니폼 레이어 형**
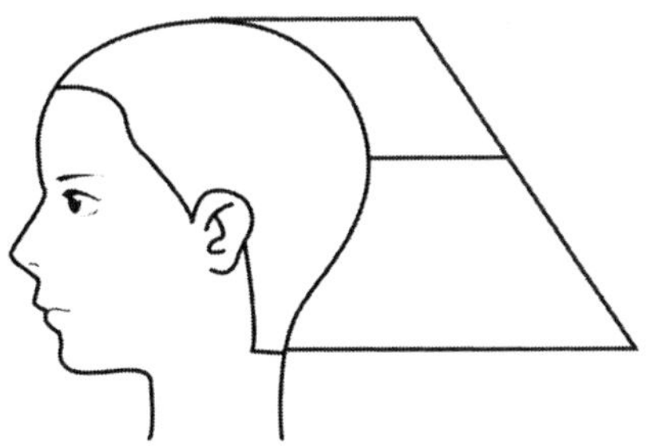	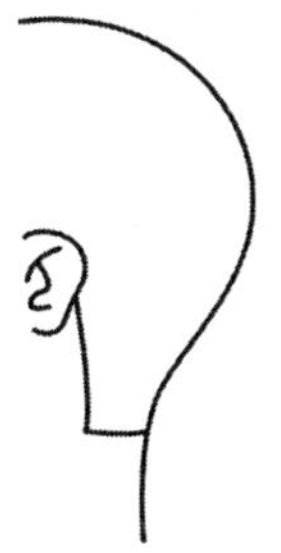	**인크리스 레이어 형**
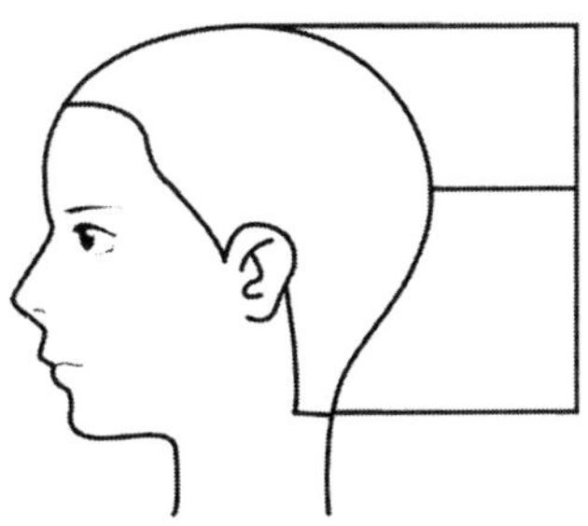	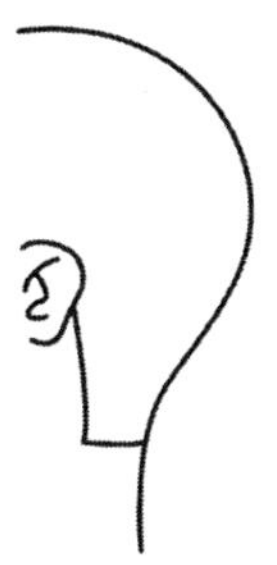	**스퀘어 형**

	결과	혼합형 디자인의 특징
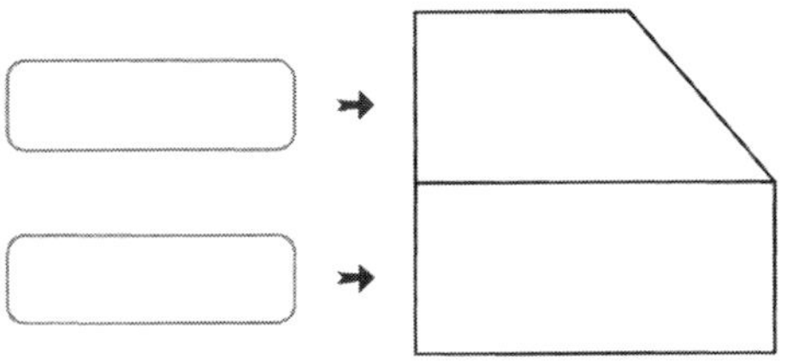	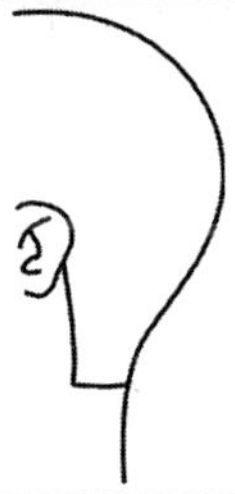	
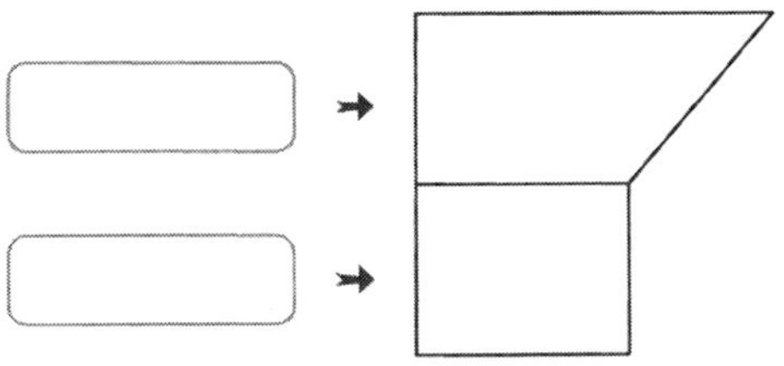	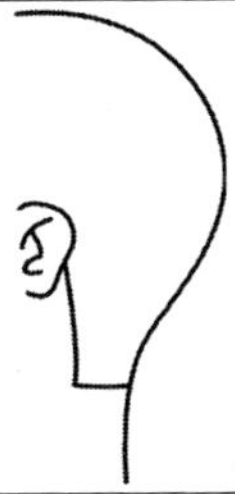	
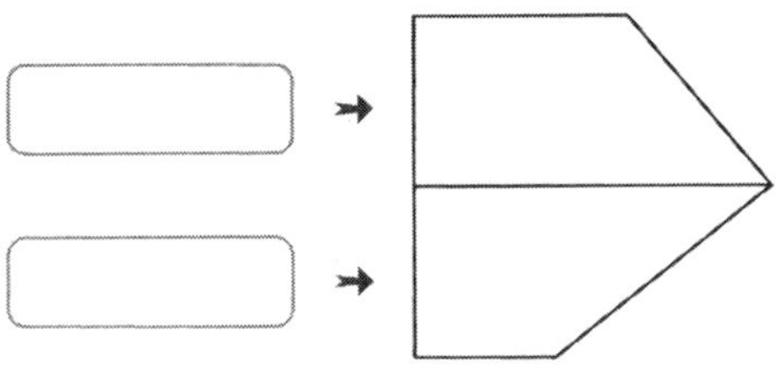	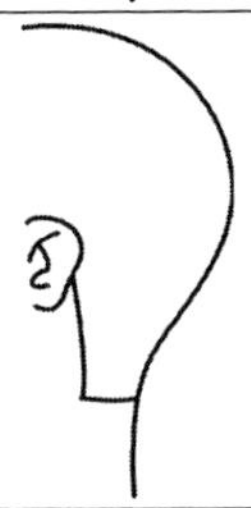	
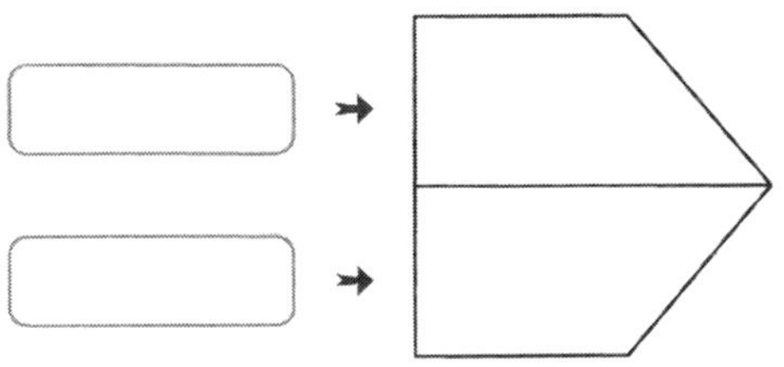	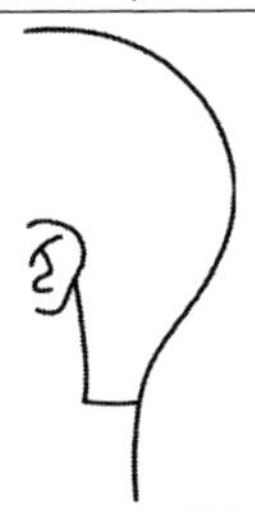	
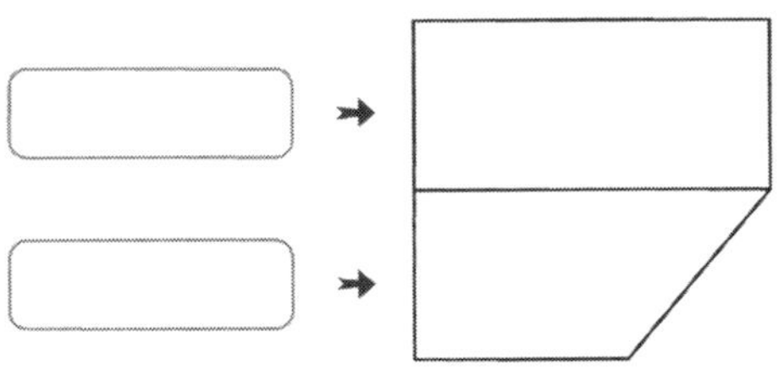	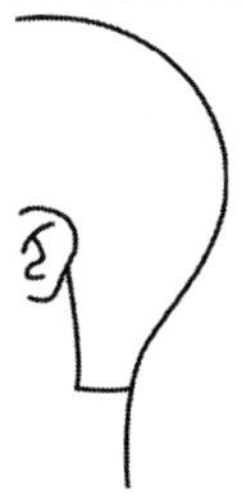	
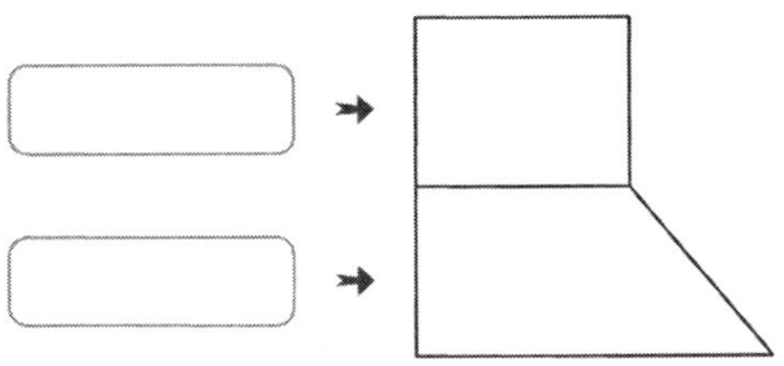	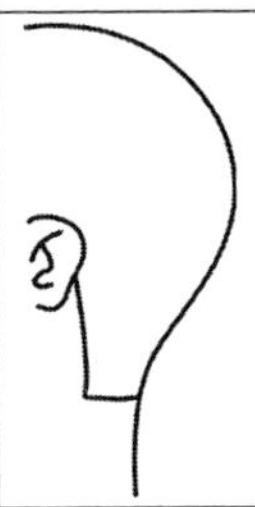	
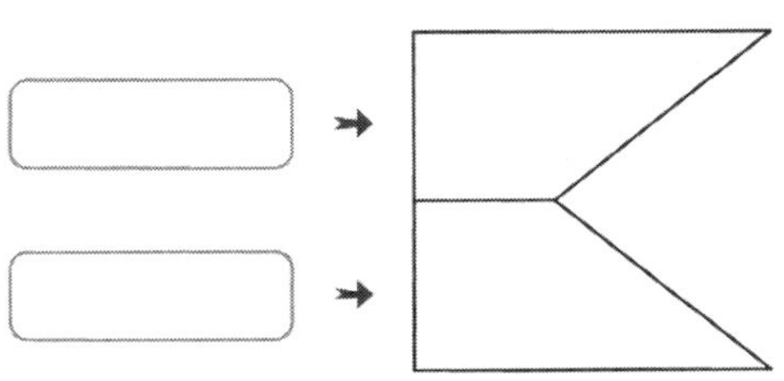	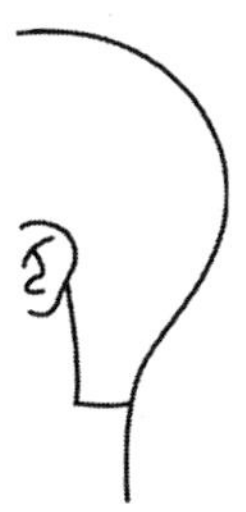	

Ⅴ. 헤어커트 마무리하기

❶ 베이직 드라이하기

1) —자 펴기 : flat iron 사용하기

목적 및 효과	
방법	

2) C curl 만들기 : roll brush + dryer 사용하기

<table>
<tr><td>목적 및 효과</td><td colspan="2"></td></tr>
<tr><td rowspan="3">방법</td><td>non−stem roller curl</td><td></td></tr>
<tr><td>half−stem roller curl</td><td></td></tr>
<tr><td>long−stem roller curl</td><td></td></tr>
</table>

3) hand dry하기

■ 드라이기 사용하기

■ 롤 브러시 사용하기

■ 스켈리톤 브러시 사용하기(모류 방향 조절하기)

❷ 헤어스타일 전문제품 사용하기

종류	사용 방법	효과 및 목적
헤어 에센스		
헤어 스프레이		
헤어 왁스		

■ 헤어 에센스 사용하기
■ 헤어 스프레이 사용하기
■ 헤어 왁스 사용하기

참고문헌

NCS 헤어미용 학습모듈 05 헤어커트 디자인, 한국산업인력공단, 2014.

Hair cut work book 기초편, 노정애 외, 한빛사, 2013.

www.ncs.go.kr

[Illustration 출처]

Hair Tex 7 : 200 Hair Illustrations, Maki Nishizawa, Dowa Planning Inc.,2000.

헤어커트 디자인 실습서

NCS 기반

HAIR CUT
disign

부록

Ⅰ. 헤어커트 용어정리

Ⅱ. 수행평가

Ⅲ. 헤어 커트 실기 능력 평가표

Ⅳ. 개별 수행향상 관리점검표

Ⅰ. 헤어커트 용어정리

용어	뜻	페이지

Ⅰ. 헤어커트 용어정리

용어	뜻	페이지

Ⅰ. 헤어커트 용어정리

용어	뜻	페이지

Ⅱ. 수행평가 (학생 체크리스트)

[직업기초능력]

평 가 영 역	평 가 문 항	매우 미흡	미흡	보통	우수	매우 우수
자기개발능력	· 자신의 흥미, 적성, 특성 등을 이해하고, 이를 바탕으로 자신에게 필요한 것을 이해하는 능력이 있다.	①	②	③	④	⑤
	· 업무에 필요한 자질을 지닐 수 있도록 스스로를 관리하는 능력이 있다.	①	②	③	④	⑤
	· 끊임없는 자기 개발을 위해서 동기를 갖고 학습하는 능력이 있다.	①	②	③	④	⑤
직업윤리	· 업무에 대한 존중을 바탕으로 근면하고 성실하고 정직하게업무에 임하는 자세를 가지고 있다.	①	②	③	④	⑤
	· 인간 존중을 바탕으로 봉사하며, 책임있고, 규칙을 준수하며 예의 바른 태도로 업무에 임하는 자세를 가지고 있다.	①	②	③	④	⑤
대인관계능력	· 다양한 배경을 가진 사람들과 함께 업무를 수행하는 능력이 있다.	①	②	③	④	⑤
	· 업무를 수행함에 있어 다른 사람을 이끄는 능력이 있다.	①	②	③	④	⑤
	· 업무를 수행함에 있어 관련된 사람들 사이에 갈등이 발생하였을 경우 이를 원만히 조절하는 능력이 있다.	①	②	③	④	⑤
	· 업무를 수행함에 있어 다른 사람과 협상하는 능력이 있다.	①	②	③	④	⑤
	· 고객의 요구를 만족시키는 자세로 업무를 수행하는 능력이 있다.	①	②	③	④	⑤
의사소통능력	· 업무를 수행함에 있어 다른 사람이 작성한 글을 읽고 그 내용을 이해할 수 있는 능력	①	②	③	④	⑤
	· 업무를 수행함에 있어 자기가 뜻한 바를 글로 나타내는 능력이 있다.	①	②	③	④	⑤
	· 업무를 수행함에 있어 다른 사람의 말을 듣고 그 내용을 이해할 수 있는 능력이 있다.	①	②	③	④	⑤
	· 업무를 수행함에 있어 자기가 뜻한 바를 말로 나타낼 수 있는 능력이 있다.	①	②	③	④	⑤
자원관리능력	· 업무 수행에 필요한 시간자원이 얼마나 필요한지를 확인하고, 이용가능한 시간자원을 최대한 수집하여 실제 업무에 어떻게 활용할 것인지를 계획하고 할당하는 능력이 있다.	①	②	③	④	⑤
	· 업무수행에 필요한 재료 및 시설자원이 얼마나 필요한지를 확인하고, 이용 가능한 재료 및 시설자원을 최대한 수집하여 실제 업무에 어떻게 활용할 것인지를 계획하고 할당하는 능력이 있다.	①	②	③	④	⑤
조직이해능력	· 업무 수행과 관련하여 조직의 체제를 올바르게 이해하는 능력이 있다.	①	②	③	④	⑤
	· 조직의 업무를 이해하는 능력이 있다.	①	②	③	④	⑤
기술능력	· 업무 수행에 필요한 기술적 원리를 올바르게 이해하는 능력이 있다.	①	②	③	④	⑤
	· 도구, 장치를 포함하여 업무 수행에 필요한 기술을 선택하는 능력이 있다.	①	②	③	④	⑤
	· 업무 수행에 필요한 기술을 업무 수행에 실제로 적용하는 능력이 있다.	①	②	③	④	⑤
정보능력	· 업무와 관련된 정보를 수집하고, 이를 분석하여 의미 있는 정보를 찾아내며, 의미 있는 정보를 업무수행에 적절하도록 조직하고, 조직된 정보를 관리하며, 업무수행에 이러한 정보를 활용하는 능력이 있다.	①	②	③	④	⑤
문제해결능력	· 업무와 관련된 문제를 인식하고 해결함에 있어 창조적, 논리적, 비판적으로 생각하는 능력이 있다.	①	②	③	④	⑤
	· 업무와 관련된 문제의 특성을 파악하고, 대안을 제시, 적용하고 그 결과를 평가하여 피드백하는 능력이 있다.	①	②	③	④	⑤
수리능력	· 업무를 수행함에 있어 기초적인 사칙연산과 계산을 하는 능력이 있다.	①	②	③	④	⑤

[직무수행능력]

평 가 영 역		평 가 문 항	매우 미흡	미흡	보통	우수	매우 우수
헤어커트 도구사용	헤어커트 빗과 가위 사용하기	· 헤어커트 목적에 따라 헤어커트 빗과 가위를 구분하여 선택할 수 있다.	①	②	③	④	⑤
		· 헤어커트 빗을 사용하여 블로킹, 섹션(슬라이스), 빗질을 할 수 있다.	①	②	③	④	⑤
		· 헤어커트 빗과 헤어커트 가위를 사용한 올바른 자세로 커트 할 수 있다.	①	②	③	④	⑤
		· 헤어커트 가위를 수평, 수직, 사선의 형태로 커트할 수 있다.	①	②	③	④	⑤
	헤어커트 빗과 클리퍼 사용하기	· 클리퍼 커트를 위해 모발의 수분함량을 조절할 수 있다.	①	②	③	④	⑤
		· 헤어커트 빗과 클리퍼사용의 올바른 커트동작을 할 수 있다.	①	②	③	④	⑤
		· 헤어커트 디자인에 따라 빗의 각도를 조절한 클리퍼 커트 동작을 할 수 있다.	①	②	③	④	⑤
		· 두상의 곡선과 위치에 따라 빗과 클리퍼를 올바른 방법으로 잡을 수 있다.	①	②	③	④	⑤
	헤어커트 빗과 레이저 사용하기	· 레이저(razor) 커트를 위해 모발의 수분함량을 조절할 수 있다.	①	②	③	④	⑤
		· 헤어커트 빗과 레이저사용의 올바른 커트동작을 할 수 있다.	①	②	③	④	⑤
		· 헤어커트 디자인에 따라 레이저의 커트위치와 방향을 변경할 수 있다.	①	②	③	④	⑤
		· 헤어커트 디자인에 따라 모발의 패널과 레이저의 각도를 조절할 수 있다.	①	②	③	④	⑤

평 가 영 역		평 가 문 항	매우 미흡	미흡	보통	우수	매우 우수
원랭스 헤어커트	원랭스 커트하기	· 고객에게 어깨보, 커트보 등을 착용해 줄 수 있다.	①	②	③	④	⑤
		· 헤어커트 유형에 따라 모발의 수분 함량을 조절하거나 오염이 심한 모발은 사전 샴푸를 할 수 있다.	①	②	③	④	⑤
		· 헤어커트 도구 및 공간을 정리하여 작업을 준비할 수 있다.	①	②	③	④	⑤
		· 원랭스 스타일(수평, 사선)에 따라 블로킹과 섹션을 정확하게 사용할 수 있다.	①	②	③	④	⑤
	원랭스 커트 마무리하기	· 헤어커트용 블런트가위와 헤어커트 빗을 사용한 올바른 커트동작으로 원랭스 블런트 커트를 완성할 수 있다.	①	②	③	④	⑤
		· 커트 후 양쪽의 바란스 및 완성도를 체크할 수 있다.	①	②	③	④	⑤
		· 고객의 얼굴과 목 등의 남아있는 머리카락을 제거할 수 있다.	①	②	③	④	⑤
		· 헤어커트 후 고객 만족을 파악하여 필요한 경우 수정 및 보정커트를 할 수 있다.	①	②	③	④	⑤
		· 헤어커트 후 원랭스 스타일에 따라 모발을 건조하여 마무리할 수 있다.	①	②	③	④	⑤
		· 사용한 헤어커트 도구는 청결하게 관리하고 주변을 정리·정돈할 수 있다.	①	②	③	④	⑤
그레쥬에이션 헤어커트	그래쥬에이션 커트하기	· 그래쥬에이션 스타일에 따른 블로킹과 섹션을 할 수 있다.	①	②	③	④	⑤
		· 그래쥬에이션 스타일에 따른 빗질의 방향과 각도를 조절 할 수 있다.	①	②	③	④	⑤
		· 빗과 커트도구를 정확하게 사용하여 그래쥬에이션 커트를 할 수 있다.	①	②	③	④	⑤
		· 모량조절이 필요한 부분에 틴닝가위를 사용할 수 있다.	①	②	③	④	⑤
		· 가위 또는 클리퍼를 사용하여 아웃라인을 정리할 수 있다.	①	②	③	④	⑤
	그래쥬이이션 커트 마무리하기	· 고객의 얼굴과 목 등의 머리카락을 제거할 수 있다.	①	②	③	④	⑤
		· 헤어커트 후 고객 만족을 파악하여 필요한 경우 수정 및 보정 커트를 할 수 있다.	①	②	③	④	⑤
		· 그래쥬에이션 커트에 어울리게는 스타일로 마무리 할 수 있다.	①	②	③	④	⑤
		· 사용한 헤어커트 도구는 청결하게 관리하고 주변을 정리· 정돈할 수 있다.	①	②	③	④	⑤
레이어 헤어커트	레이어 헤어커트 하기	· 레이어 헤어커트 스타일에 따른 블로킹과 섹션을 할 수 있다.	①	②	③	④	⑤
		· 레이어 헤어커트 스타일에 따른 빗질의 방향과 각도를 조할 수 있다.	①	②	③	④	⑤
		· 헤어커트 빗과 가위를 정확하게 사용하여 레이어 커트를 할 수 있다.	①	②	③	④	⑤
		· 쇼트 레이어 커트에 싱글링 테크닉을 활용할 수 있다.	①	②	③	④	⑤
		· 모량조절이 필요한 부분에 틴닝가위를 사용할 수 있다.	①	②	③	④	⑤
	레이어 헤어커트 마무리하기	· 고객의 얼굴과 목 등의 머리카락을 제거할 수 있다.	①	②	③	④	⑤
		· 서비스 후 고객 만족도를 파악하여 필요한 경우 수정·보완커트를 할 수 있다.	①	②	③	④	⑤
		· 서비스가 종료 된 후 사용한 헤어커트 도구와 주변을 즉시 정리·정돈할 수 있다.	①	②	③	④	⑤
		· 레이어 헤어커트에 어울리게 헤어스타일을 마무리 할 수 있다.	①	②	③	④	⑤

평 가 영 역		평 가 문 항	매우 미흡	미흡	보통	우수	매우 우수
쇼트 헤어 커트	장가위 헤어커트하기	· 싱글링 커트 스타일에 따른 블로킹과 섹션을 할 수 있다.	①	②	③	④	⑤
		· 싱글링 커트 스타일에 따른 빗질의 방향과 각도를 조절할 수 있다.	①	②	③	④	⑤
		· 빗과 장가위를 사용하여 싱글링 커트를 할 수 있다.	①	②	③	④	⑤
		· 싱글링 테크닉과 트리밍 테크닉을 활용하여 커트할 수 있다.	①	②	③	④	⑤
		· 고객의 모량과 헤어디자인에 따라 다양한 방법으로 모량 조절을 할 수 있다.	①	②	③	④	⑤
	클리퍼 헤어커트하기	· 클리퍼 스타일에 따른 블로킹과 섹션을 할 수 있다.	①	②	③	④	⑤
		· 클리퍼 스타일에 따른 빗의 방향과 각도를 조절할 수 있다.	①	②	③	④	⑤
		· 커트 빗과 클리퍼를 정확하게 사용하여 클리퍼 커트를 할 수 있다.	①	②	③	④	⑤
		· 고객의 모량과 헤어디자인에 따라 다양한 방법으로 모량조절을 할 수 있다.	①	②	③	④	⑤
		· 클리퍼를 사용하여 아웃라인을 정리할 수 있다.	①	②	③	④	⑤
	쇼트 헤어커트 마무리하기	· 고객의 얼굴과 목 등의 머리카락을 제거할 수 있다.	①	②	③	④	⑤
		· 커트 종료 후 고객 만족도를 파악하여 필요한 경우 수정 및 보정커트 할 수 있다.	①	②	③	④	⑤
		· 헤어커트 도구를 정리하고 주변을 즉시 정돈할 수 있다.	①	②	③	④	⑤
		· 헤어커트 디자인에 적합한 도구와 기법으로 헤어스타일을 마무리할 수 있다.	①	②	③	④	⑤
콤비네이션 헤어 커트	콤비네이션 헤어 커트하기	· 고객과의 상담을 통해 고객의 외형적 특성과 모발특성을 판단할 수 있다.	①	②	③	④	⑤
		· 원랭스,그래쥬에이션, 레이어의 커트기법을 혼합하여 헤어스타일을 디자인할 수 있다.	①	②	③	④	⑤
		· 디자인된 콤비네이션 스타일을 고객에게 설명할 수 있다.	①	②	③	④	⑤
		· 콤비네이션 스타일로 커트할 수 있다.	①	②	③	④	⑤
	콤비네이션 헤어커트 마무리하기	· 헤어커트 후 잔여 머리카락 제거를 위한 플레인 린스를 할 수 있다.	①	②	③	④	⑤
		· 고객 만족을 파악하여 필요한 경우 보정 및 드라이커트를 할 수 있다.	①	②	③	④	⑤
		· 커트 종료 후 사용한 헤어커트 도구를 정리하고 주변을 즉시 정돈할 수 있다.	①	②	③	④	⑤
		· 헤어커트 디자인에 따른 헤어 스타일링을 할 수 있다.	①	②	③	④	⑤

영 역	점 수	계산방법
직업기초능력 (영역별 점수 합산)		점수 ÷ 문항수
직무수행능력 (영역별 점수 합산)		점수 ÷ 문항수
합계(점수 합계)		*'3점'이하에 해당하는 영역은 업무의 성공적 수행 능력 부족으로 교육 훈련이나 개인학습을 통한 개발이 필요함.*

Ⅲ. 헤어 커트 실기 능력 평가표

학년도 학기	과목명		담당교수		이름	

1. 작업 결과 확인

횟수 / 내용	1		2		3		4		비고	
	날짜	확인	날짜	확인	날짜	확인	날짜	확인		
샴푸										
헤어커트 디자인										
상호 데모										

2. 사용 도구의 확인

횟수 / 내용	1		2		3		4		비고	
	날짜	확인	날짜	확인	날짜	확인	날짜	확인		
블런트 가위										
틴닝 가위										
레이저										
클리퍼										

3. 커트 디자인 확인

횟수 / 내용	1		2		3		4		비고	
	날짜	확인	날짜	확인	날짜	확인	날짜	확인		
원랭스 (평행보브)										
원랭스 (이사도라)										
원랭스 (스파니엘)										
그래쥬에이션 1										
그래쥬에이션 2										
레이어										
콤비네이션 1										
콤비네이션 2										
숏트 헤어										

4. 작업 방법 확인

횟수 / 내용	1		2		3		4		비고	
	날짜	확인	날짜	확인	날짜	확인	날짜	확인		
블로킹										
섹션										
싱글링										
포인팅										
테이퍼링										
슬라이싱										

Ⅲ. 헤어 커트 실기 능력 평가표

학년도 학기	과목명		담당교수		이름	

1. 작업 결과 확인

횟수 / 내용	1		2		3		4		비고	
	날짜	확인	날짜	확인	날짜	확인	날짜	확인		
샴푸										
헤어커트 디자인										
상호 데모										

2. 사용 도구의 확인

횟수 / 내용	1		2		3		4		비고	
	날짜	확인	날짜	확인	날짜	확인	날짜	확인		
블런트 가위										
틴닝 가위										
레이저										
클리퍼										

3. 커트 디자인 확인

횟수 / 내용	1		2		3		4		비고	
	날짜	확인	날짜	확인	날짜	확인	날짜	확인		
원랭스 (평행보브)										
원랭스 (이사도라)										
원랭스 (스파니엘)										
그래쥬에이션 1										
그래쥬에이션 2										
레이어										
콤비네이션 1										
콤비네이션 2										
숏트 헤어										

4. 작업 방법 확인

횟수 / 내용	1		2		3		4		비고	
	날짜	확인	날짜	확인	날짜	확인	날짜	확인		
블로킹										
섹션										
싱글링										
포인팅										
테이퍼링										
슬라이싱										

Ⅲ. 헤어 커트 실기 능력 평가표

학년도 학기	과목명		담당교수		이름	

1. 작업 결과 확인

횟수 / 내용	1		2		3		4		비고	
	날짜	확인	날짜	확인	날짜	확인	날짜	확인		
샴푸										
헤어커트 디자인										
상호 데모										

2. 사용 도구의 확인

횟수 / 내용	1		2		3		4		비고	
	날짜	확인	날짜	확인	날짜	확인	날짜	확인		
블런트 가위										
틴닝 가위										
레이저										
클리퍼										

3. 커트 디자인 확인

횟수 / 내용	1		2		3		4		비고	
	날짜	확인	날짜	확인	날짜	확인	날짜	확인		
원랭스 (평행보브)										
원랭스 (이사도라)										
원랭스 (스파니엘)										
그래쥬에이션 1										
그래쥬에이션 2										
레이어										
콤비네이션 1										
콤비네이션 2										
숏트 헤어										

4. 작업 방법 확인

횟수 / 내용	1		2		3		4		비고	
	날짜	확인	날짜	확인	날짜	확인	날짜	확인		
블로킹										
섹션										
싱글링										
포인팅										
테이퍼링										
슬라이싱										

Ⅲ. 헤어 커트 실기 능력 평가표

학년도 학기	과목명		담당교수		이름	

1. 작업 결과 확인

횟수 / 내용	1		2		3		4		비고	
	날짜	확인	날짜	확인	날짜	확인	날짜	확인		
샴푸										
헤어커트 디자인										
상호 데모										

2. 사용 도구의 확인

횟수 / 내용	1		2		3		4		비고	
	날짜	확인	날짜	확인	날짜	확인	날짜	확인		
블런트 가위										
틴닝 가위										
레이저										
클리퍼										

3. 커트 디자인 확인

횟수 / 내용	1		2		3		4		비고	
	날짜	확인	날짜	확인	날짜	확인	날짜	확인		
원랭스 (평행보브)										
원랭스 (이사도라)										
원랭스 (스파니엘)										
그래쥬에이션 1										
그래쥬에이션 2										
레이어										
콤비네이션 1										
콤비네이션 2										
숏트 헤어										

4. 작업 방법 확인

횟수 / 내용	1		2		3		4		비고	
	날짜	확인	날짜	확인	날짜	확인	날짜	확인		
블로킹										
섹션										
싱글링										
포인팅										
테이퍼링										
슬라이싱										

Ⅳ. 개별 수행향상 관리점검표 (　　　학년도　　　학기)

능력단위명(과목명)									교수명				학생명							
수행내용	준비하기				작업(시술)하기								마무리하기						부가점수	총점
					도구			작업	자세	시간		결과								
	10	2	5	3	10	5	5	10	5	(~ 분)		10	5	5	10	5	5	5		
주차	출석현황체크	실습복(앞치마) 착용	도구준비상태	모발수분	가위동작자세	빗동작자세	클립 및 스프레이 사용	블로킹 및 섹션, 슬라이스 나누기	커트자세(몸의 자세)	블로킹	커트	콤아웃 결과(수업내 미완성5)	드라이 도구 사용	스타일링 제품 사용	스타일 연출	위생관리(도구정리)	책상정리	주변공간정리	(교수평가)	
1																				
도제																				
개별																				
2																				
도제																				
개별																				
3																				
도제																				
개별																				
4																				
도제																				
개별																				
5																				
도제																				
개별																				
6																				
도제																				
개별																				
7																				
도제																				
개별																				
8																				
도제																				
개별																				
9																				
도제																				
개별																				
10																				
도제																				
개별																				
11																				
도제																				
개별																				
12																				
도제																				
개별																				
13																				
도제																				
개별																				
14																				
도제																				
개별																				
15																				
도제																				
개별																				
소감																				

- 출석현황체크 : 정시도착 10, 1-10분 지각 8, 11-30분 지각 6, 31분-지각 4, 결석 0
- 도제교육 : 방과후 특별프로그램 활동
- 개별학습 : 스스로 학습 (교수 확인용 증빙 자료 필요. 확인 후 점수부여)
- 부가점수 : 헤어커트 및 관련스타일링 공식 활동(교수가 인정하는)에 대한 부가점수 (창업동아리 활동, 학과 외부 학생에 대한 시술서비스 활동 등)
  - 각 항목별 총 5점을 넘을 수 없으며, 활동에 대한 최종 점수 부여에 대해서는 학생들과의 사전 약속과 협의에 의해 담당교수가 부여함.

Ⅳ. 개별 수행향상 관리점검표 (학년도 학기)

능력단위명(과목명)										교수명			학생명							
수행 내용	준비하기				작업(시술)하기								마무리하기						부가 점수	총점
					도구			작업	자세	시간		결과								
	10	2	5	3	10	5	5	10	5	(~ 분)		10	5	5	10	5	5	5		
주차	출석현황체크	실습복(앞치마)착용	도구준비상태	모발수분	가위동작자세	빗동작자세	클립 및 스프레이사용	블로킹 및 섹션, 슬라이스 나누기	커트자세(몸의자세)	블로킹	커트	콤아웃결과(수업내미완성5)	드라이도구사용	스타일링제품사용	스타일연출	위생관리(도구정리)	책상정리	주변공간정리	(교수평가)	
1																				
도제																				
개별																				
2																				
도제																				
개별																				
3																				
도제																				
개별																				
4																				
도제																				
개별																				
5																				
도제																				
개별																				
6																				
도제																				
개별																				
7																				
도제																				
개별																				
8																				
도제																				
개별																				
9																				
도제																				
개별																				
10																				
도제																				
개별																				
11																				
도제																				
개별																				
12																				
도제																				
개별																				
13																				
도제																				
개별																				
14																				
도제																				
개별																				
15																				
도제																				
개별																				
소감																				

- 출석현황체크 : 정시도착 10, 1-10분 지각 8, 11-30분 지각 6, 31분-지각 4, 결석 0
- 도제교육 : 방과후 특별프로그램 활동
- 개별학습 : 스스로 학습(교수 확인용 증빙 자료 필요. 확인 후 점수부여)
- 부가점수 : 헤어커트 및 관련스타일링 공식 활동(교수가 인정하는)에 대한 부가점수 (창업동아리 활동, 학과 외부 학생에 대한 시술서비스 활동 등)

 - 각 항목별 총 5점을 넘을 수 없으며, 활동에 대한 최종 점수 부여에 대해서는 학생들과의 사전 약속과 협의에 의해 담당교수가 부여함.

Ⅳ. 개별 수행향상 관리점검표 (　　　학년도　　　학기)

능력단위명(과목명)									교수명				학생명							
수행 내용	준비하기				작업(시술)하기								마무리하기						부가 점수	총점
					도구			작업	자세	시간		결과								
	10	2	5	3	10	5	5	10	5	(~ 분)		10	5	5	10	5	5	5		
주차	출석 현황 체크	실습복 (앞치마) 착용	도구 준비 상태	모발 수분	가위 동작 자세	빗 동작 자세	클립 및 스프레이 사용	블로킹 및 섹션, 슬라이스 나누기	커트 자세 (몸의 자세)	블로킹	커트	콤아웃 결과 (수업내 미완성 5)	드라이 도구 사용	스타일링 제품 사용	스타일 연출	위생 관리 (도구 정리)	책상 정리	주변 공간 정리	(교수 평가)	
1																				
도제																				
개별																				
2																				
도제																				
개별																				
3																				
도제																				
개별																				
4																				
도제																				
개별																				
5																				
도제																				
개별																				
6																				
도제																				
개별																				
7																				
도제																				
개별																				
8																				
도제																				
개별																				
9																				
도제																				
개별																				
10																				
도제																				
개별																				
11																				
도제																				
개별																				
12																				
도제																				
개별																				
13																				
도제																				
개별																				
14																				
도제																				
개별																				
15																				
도제																				
개별																				
소감																				

● 출석현황체크 : 정시도착 10, 1-10분 지각 8, 11-30분 지각 6, 31분-지각 4, 결석 0

● 도제교육 : 방과후 특별프로그램 활동

● 개별학습 : 스스로 학습(교수 확인용 증빙 자료 필요. 확인 후 점수부여)

● 부가점수 : 헤어커트 및 관련스타일링 공식 활동(교수가 인정하는)에 대한 부가점수 (창업동아리 활동, 학과 외부 학생에 대한 시술서비스 활동 등)

- 각 항목별 총 5점을 넘을 수 없으며, 활동에 대한 최종 점수 부여에 대해서는 학생들과의 사전 약속과 협의에 의해 담당교수가 부여함.

Ⅳ. 개별 수행향상 관리점검표 (학년도   학기)

능력단위명(과목명)										교수명			학생명							
수행 내용	준비하기				작업(시술)하기								마무리하기						부가 점수	총점
					도구			작업	자세	시간		결과								
	10	2	5	3	10	5	5	10	5	(~ 분)		10	5	5	10	5	5	5		
주차	출석현황체크	실습복(앞치마)착용	도구준비상태	모발수분	가위동작자세	빗동작자세	클립및스프레이사용	블로킹및 섹션, 슬라이스나누기	커트자세(몸의자세)	블로킹	커트	콤아웃결과(수업내미완성5)	드라이도구사용	스타일링제품사용	스타일연출	위생관리(도구정리)	책상정리	주변공간정리	(교수평가)	
1																				
도제																				
개별																				
2																				
도제																				
개별																				
3																				
도제																				
개별																				
4																				
도제																				
개별																				
5																				
도제																				
개별																				
6																				
도제																				
개별																				
7																				
도제																				
개별																				
8																				
도제																				
개별																				
9																				
도제																				
개별																				
10																				
도제																				
개별																				
11																				
도제																				
개별																				
12																				
도제																				
개별																				
13																				
도제																				
개별																				
14																				
도제																				
개별																				
15																				
도제																				
개별																				
소감																				

- 출석현황체크 : 정시도착 10, 1-10분 지각 8, 11-30분 지각 6, 31분-지각 4, 결석 0
- 도제교육 : 방과후 특별프로그램 활동
- 개별학습 : 스스로 학습(교수 확인용 증빙 자료 필요. 확인 후 점수부여)
- 부가점수 : 헤어커트 및 관련스타일링 공식 활동(교수가 인정하는)에 대한 부가점수 (창업동아리 활동, 학과 외부 학생에 대한 시술서비스 활동 등)

  - 각 항목별 총 5점을 넘을 수 없으며, 활동에 대한 최종 점수 부여에 대해서는 학생들과의 사전 약속과 협의에 의해 담당교수가 부여함.

저자약력

• 노정애
원광보건대학교 미용피부테라피과 교수
미용장, 이용장 국가기술자격 취득

• 오지영
대덕대학교 뷰티과 교수
미용장, 이용사 국가기술자격 취득

National Competency Standards **NCS**
http://www.ncs.go.kr
헤 어 커 트 직 무 능 력 표 준 학 습 모 듈

NCS 기반 **헤어커트 디자인** 실습서

초 판 인 쇄 | 2016년 9월 1일
초 판 발 행 | 2016년 9월 5일
초 판 2쇄 발 행 | 2019년 3월 5일

저 자 | 노정애 · 오지영
발 행 인 | 조규백
발 행 처 | 도서출판 구민사
(07293) 서울특별시 영등포구 문래북로 116, 604호(문래동 3가 46, 트리플렉스)
전 화 | (02) 701-7421(~2)
팩 스 | (02) 3273-9642
홈 페 이 지 | www.kuhminsa.co.kr
신 고 번 호 | 제 2012-000055호 (1980년 2월4일)
I S B N | 979-11-5813-297-2 [93590]
값 | 12,000원